ஜி.டி. நாயுடுவின் கண்டுபிடிப்புகள்

வி.எஸ்.ரோமா

Made with ♥ on the Notion Press Platform
www.notionpress.com

பொருளடக்கம்

1

ஜி. டி. நாயுடு

1. ஆக்கம்; அழிவுக்கே!

Construction for Destruction

தென்னை மரத்தில் காய்த்துத் தொங்கிக் கொண்டிருக்கும் தேங்காயை நாம் பார்த்திருக்கிறோம். அதே காய்கள் அங்காடிகளிலே விற்பனையாகும் போதும் நாம் அதனதன் அளவையும் அடிக்கடி கண்டிருக்கிறோம்.

பத்து தேங்காய் உருவம் ஓரே தேங்காயில் அமைந்துள்ளது! - அத்தகைய தேங்காய்களைப் போல பத்து தேங்காய்களை ஒன்று சேர்த்து ஒரே காயாக்கினால் எந்த அளவிற்கு அதன் அளவில் அது பெரியதாக இருக்குமோ, அப்படிப்பட்ட அளவில் ஒரு தேங்காயை நீங்கள் தென்னை மரத்தில் இன்றுவரைப் பார்த்திருக்கிறீர்களா?

இத்தகைய ஒரு பெரிய தேங்காயை நான் பார்த்திருக்கிறேன். நான் மட்டும் பார்க்கவில்லை. கோவை நகருக்குச் சுற்றுலா வரும் பொது மக்களும், நூற்றுக்கு மேற்பட்ட கல்லூரி மாணவ, மாணவிகளும் அந்தக் காய்களைக் கண்டு வியந்து போய் விட்டோம்!

கோவையில் எங்கே பார்த்திருக்கிறீர்கள் இந்த அதிசய, அற்புதத் தேங்காயை? என்று கேட்கிறீர்களா?

கோவை நகரில், காலம் சென்ற தொழிலியல் விஞ்ஞானி
யான industrial Scientist மேதை ஜி.டி. நாயுடுவின்
அறிவியல் கண்டுபிடிப்புகளின் புகழைப் பாடிக் கொண்டி-
ருக்கும் பிரசிடென்சி ஹால் (Presidency Hall) எனப்ப-
டும் திரு. ஜி.டி. நாயுடுவினுடைய அறிவியல் பொருட்காட்சி
அரங்கில் நாங்கள் அந்தத் தேங்காயின் புகைப் படத்தைக்
கண்டு ஆச்சரியப் பட்டோம்.

தமிழகத்தின் நாலா பக்கங்களிலிருந்தும் அந்த விஞ்ஞான
வித்தக அரங்கிற்குச் சுற்றுலா பயணிகள் தினந்தோறும்
வந்து - அதைப் பார்த்துவிட்டு, அவரவர் புருவங்களை
மேலேற்றிக் கொண்டே செல்கிறார்கள். அந்த அற்புதத்
தேங்காயின் உருவப்படம் மட்டுமா அங்கே இருக்கின்றது?

வாழை மரம் அளவு : உயரம் உள்ள நேற்செடி! -
உழவர் பெருமக்கள், தங்களது வயல்களில் விவசாயம்
செய்து வரும் நெற்பயிர்களை நாம் கண்டிருக்கிறோம். அந்-
தப் பயிர்களைப் போலல்லாமல், ஒவ்வொரு நெற்பயிர் செடி-
யும், வாழை மரம் போல் உயர்ந்த வளர்ந்திருப்பதை நீங்கள்
யாராவது பார்த்திருக்கிறீர்களா? நாங்கள் அன்ற வாழை
மரம் போல் நீண்டு உயர்ந்து வளமாக வளர்ந்துள்ள நெற்ப-
யிர் மரக் காட்சிப் படங்களைக் கண்டோம்! வியந்தோம்!

அந்த வாழை மரம் போன்ற விவசாய நெற்பயிர்களில்
கதிர்கள் முற்றி, நாணம் கொண்ட பருவப் பெண்களின்
சிவந்த முகங்களைப் போல செந்நெற்கதிர்கள் கொத்துக்
கொத்தாக காய்த்துத் தலைக் குனிந்துத் தொங்கிக் கொண்டி-
ருக்கும் பயிர்களின் காட்சியையும் - நாங்கள் அந்த அரங்-
கிலுள்ள நெற்பயிர் புகைப் படங்களிலே பார்த்தோம். பிர-
மித்துப் போனோம்!

பிறகு, வாழை மரங்கள் உள்ள படத்தையும் கண்டோம்.
அந்த வாழை மரங்களிலே தள்ளப்பட்டிருந்த ஒவ்வொரு
வாழைக் குலையிலும்; வரிசை வரிசையாக அடுக்கி வைத்த
தார் போன்றிருந்த வாழைச் சீப்புகளிலே உள்ள நூற்றுக்
கணக்கான வாழைக் காய்கள், ஏறக்குறைய ஆயிரத்துக்கும்
மேலிருக்குமோ என்னவோ, அவ்வளவு பெரிய தோற்றமு-

டைய வாழைக் குலையை ஒவ்வொரு மரத்திலும் புகைப் படமாகப் பார்த்ததும்; எங்களையும் அறியாமல் அடே...யப்பா...! என்று அசந்து போனோம்!

தமிழ் நாட்டில் அபூர்வப் பிறவியாக, அதிசய மனிதராகப் பிறந்து மறைந்த தொழிலியல் விஞ்ஞானி கோயம்புத்தூர் துரைசாமி நாயுடு என்று தமிழ் மக்களால் போற்றிப் புக– ழப்பட்ட ஜி.டி. நாயுடுவின் அறிவியல் காட்சியகத்திலே, விவசாயத் துறையின் இந்த விஞ்ஞான அற்புதங்களைப் புகைப் படங்களாக எடுத்து வைக்கப்பட்டிருக்கும் காட்சிக– ளிலே கண்டோம்.

சுற்றுலா பயணிகளுடன் நானும் இணைந்தேன் – கோவை நகர் சென்று அந்தக் காட்சியை நான் கான விரும்பியதைப் போல, கல்லூரி மாணவ, மாணவியர்களும் நான் அங்கே சென்ற அன்று பேருந்துகளிலே பயணம் வந்து பிரசிடென்சி ஹால் என்ற காட்சியரங்கம் முன்பு கூடியிருந்– தார்கள். அவர்கள் கூட்டத்திலே நானும் ஒருவனாகச் சேர்ந்– துக் கொண்டேன்.

நாள்தோறும் இவ்வாறு காட்சி அரங்கம் முன்பு திரண்டு காணப்படும் பார்வையாளர்களை அழைத்துச் சென்று, அங்கே இருக்கின்ற புகைப்படக் காட்சிகளை விளக்கிக் கூறிட பொறியியல் படித்த சுமார் இருபது வயதுள்ள ஒரு தெரிவை பெண் எங்களுடன் வந்தார்.

எங்களுடன் வந்த சுற்றுலாப் பயணிகள் கேட்கும் கேள்வி களுக்கு அன்றலர்ந்த செந்தாமரை முகத்துடன் சற்றும் தயங்காமல், நகைச்சுவையுடனும் – நயத்துடனும் அந்தப் பெண் பதிலளித்துக் கொண்டே வந்து, ஒவ்வொரு காட்சி– யையும் சுட்டிக் காட்டினார்.

விஞ்ஞான மேதை ஜி.டி. நாயுடு அவர்கள், என்னென்ன அறிவியல் சாதனைகளைக் கண்டு பிடித்து உலகுக்கு அறிவு தானமாக, கொடை மட பண்போடு வழங்கினாரோ, அவை அனைத்தையும், அவற்றுடன் சம்பந்தப்பட்ட பிறவற்றையும் அந்தக் காட்சியக அரங்கத்துள் புகைப்படங்களாக எடுக்கப்– பட்டு இடம் பெற்றிருந்தன.

அந்த நிழற்படக் காட்சிகள் ஒவ்வொன்றையும், என்-போன்ற சுற்றுலா பயணிகள், மாணவிகள், மாணவர்கள், பொது மக்களுள் சிலராக வந்த எல்லாரும் கூர்ந்து நோக்-கியவாறே அரங்குக்குள் நகர்ந்துக் கொண்டே இருந்தோம் - ஆமைகள் போல!

நாங்கள் அங்கே கண்ட சில காட்சிகள் இவை : தொழிலியல் ஞானி நாயுடு அவர்கள் கண்டுபிடித்த கடி-காரங்கள், வானொலிப் பெட்டிகள், பொறியியல் இயந்திரங்-களுக்காகக் கண்டுபிடிக்கப்பட்ட உதிரி உறுப்புகள், மனிதனு-டைய உருவத்தைச் சிறியதாகவும், பெரியதாகவும், எதிரொ-லிக்கும் தகடுகள், அழகாக பாதுகாப்பாக, அடுக்கடுக்காக அவை அடுக்கி வைப்பட்டிருக்கும் காட்சிகள், இவற்றை-யெல்லாம் மேதை ஜி.டி. நாயுடு மறைவுக்குப் பிறகும், பொறுப்போடு திரட்டிச் சேகரித்து, பாதுகாப்போடு காட்சி அரங்கமாக வைக்கப்பட்டிருக்கும் அந்த விஞ்ஞான வித்தக-ரின் திருக்குமாரர் திரு. ஜி.டி. கோபால் அவர்களின் அக்-கறையான அரும் உணர்வுகளையும் கண்டு, நான் மட்-டுமன்று, என் போன்ற எண்ணிலர் அசந்து போனோம் அடே....யப்பா... என்று!

காட்சியகத்திலே கண்ட அதிசயங்கள்! - அந்த அரங்-கத்தின் காட்சிகளில் ஒன்றில் - கார் ஒன்றைக் கண்டேன் பாவாணர் மொழிப்படி அந்த 'உந்து'வுக்கு மேல் கூரை இல்லை; அதாவது மூடப்படும் மேல் மூடி தகடு இல்லை. திறந்த வெளி உந்து அது. அதன் அப்போதைய விலை என்ன தெரியுமா? இரண்டே ஆயிரம் ரூபாய் மட்டும்தான்.

அந்த மேற்கூரையற்ற திறந்த காரிலே சவாரி செய்தவர்-கள் யார் யார் தெரியுமா? ஒட்டுநர் ஜி.டி.நாயுடு, எதிர்கால இந்தியக் குடியரசுத் தலைவர்களுள் ஒருவராக இருந்தவ-ரும், அப்போதைய தொழிற்சங்கத் தலைவராகவும் விளங்-கிய திரு. வி.வி. கிரி, மற்றும் ஜி.டி. என். அவர்களின் நண்பர்கள் ஓரிருவர் உட்பட அந்த 'உந்து'வில் அமர்ந்து கோவை நகரைப் பவனி வந்திருக்கிறார்கள். அந்தக் காட்-சிகளும் அரங்கில் புகைப்படங்களாக உள்ளன.

தந்தை பெரியாரும், தொழிலியல் ஞானியுமான ஜி.டி. நாயுடுவும் இணைந்து பங்கேற்ற சில விழாக்கள், பொது-மக்கள் கருத்தரங்குகள் ஆகியவற்றை நினைவுப்படுத்தும் நிகழ்ச்சிச் சம்பவங்களும் அங்கே படங்களாக வைக்கப்பட்டி-ருந்தன.

இவை மட்டுமா? மின்காந்த ஆற்றலோடு இயங்கும் விளையாட்டு இரயில் ஒன்றை எங்களுக்கு அங்கே இயக்-கிக் காட்டினார்கள். அந்த இரயில், நாங்கள் தற்போதைய சென்னை கிஷ்கிந்தா காட்சித் திடலிலும், தீவுத் திடல் காட்-சியரங்கிலும், வி.ஜி.பி.-யின் தங்கக் கடற்கரையில் கண்டு களித்ததுபோன்ற உணர்ச்சிகளையும் நினைவூட்டின.

அதனால், ஜி.டி. நாயுடு விளையாட்டு இரயில் இயக்கம், அதன் அறிவியல் நுட்பச் சாதனை, எங்களை அடிமை கொண்டது. அந்த ஆண்டுகளிலேயே ஜி.டி. நாயுடு அவர்-களது சிந்தனை, தற்போதைய ஆண்டுகளின் விஞ்ஞான வளர்ச்சியை நினைவூட்டி, வியப்பை விளைவித்தது என்-றால், எத்தகைய ஓர் அறிவியல் சிந்தனையோடு அதை அவர் அக் காலத்திலேயே உருவாக்கி இருப்பார் என்பதை நாம் எண்ணிப் பார்க்க வேண்டும்.

வேளாண்மைத் துறையில் ஜி.டி. நாயுடு, தேங்காய் புரட்சி, வாழைப் புரட்சி, நெற்பயிர்களது விவசாயப் புரட்சி-களை மட்டுமே செய்து காட்டியவர் அல்லர்.

விவசாயத் துறையிலே பருத்தி விளைவிப்பதில் புரட்சி, துவரையில் புரட்சி, பப்பாளிப் பழம் புரட்சி, ஆரஞ்சுப் புரட்சி, காலிபிளவர் புரட்சி, சோளம் புரட்சி போன்ற பல புரட்சிகளை எல்லாம் - தனது சொந்த விவசாயப் பண்-ணையிலே விளைவித்துக் காட்டி நிரூபித்துச் சாதனை புரிந்த செயல் வீரர் செம்மல் ஜி.டி. நாயுடு என்றால், இது ஏதோ புத்தகச் சடங்குக்காகக் கூறப்பட்டதன்று என்பதை - இன்-றைய இளைய தலைமுறையினர் உணர வேண்டுகிறோம்.

பிரிசிடென்சி அரங்கில் எங்களுடன் வலம் வந்த அந்த Guider ஆகிய வழிகாட்டி நெறிப்படுத்தும் மங்கையின் விளக்கவுரை, சாதனையுரைகளைச் சாற்றிய பாங்குரை,

எங்களுடைய மன உணர்வுகளுக்கு ஒரு நல் விருந்தாக அமைந்தது.

அந்தப் பெண், செல் விருந்தோம்பி எங்களை வழி-யனுப்பி வைத்த பின்பு, வரு விருந்தினர் திரள்களுக்காக எங்களை விரைவுப் படுத்தி கொண்டே எங்களுடன் நகர்ந்து வந்து கொண்டிருந்தாள்.

ஆனால், எங்களைப் பொருத்தவரையில் அந்த விஞ்-ஞான அரங்கை விட்டு வெளியே வர முடியாத சொல்-லொணா மகிழ்ச்சியில் திளைத்தோம்; இப்படியும் ஒரு விஞ்-ஞானி தமிழ்நாட்டில் இருந்தாரா என்று மாணவர்கள் பேசிக் கொண்டே வந்தார்கள். விஞ்ஞான மேதை மட்டுமல்ல ஜி.டி.நாயுடு; ஒரு தொழில் மேதையும் கூட. தனது மோட்-டார் தொழிலை, ஜி.டி. நாயுடு ஒரே ஒரு பேருந்துவைக் கொண்டு இயக்கத் துவங்கினார்.

முதலாளியும் அவரே! தொழிலாளியும் அவரே! - ஏறக்-குறைய 200க்கும் மேற்பட்ட பேருந்துகளுக்கு ஜி.டி. நாயுடு உரிமையாளர் ஆனார் என்றால், இது என்ன மாய மந்தி-ரத்தால அந்த பேருந்துகளை உருவாக்கினார்?

இது என்ன சாதாரணமான சாதனையா? அவற்றுக்காக அவர் இரவும் பகலும் உழைத்த உழைப்புகள் என்ன சாமான்யமானதா? எண்ணிப் பாருங்கள். இவரல்லவா உழைப்பால் உயர்ந்த உத்தமர்?

அமெரிக்க மோட்டார் மன்னர் ரூதர் போர்டு, தனது மோட்டார் கார் தொழிலில் சாதனை புரிய என்ன அரும்-பாடு பட்டாரோ, அவரைவிட பல மடங்கு உழைப்புக்களை ஜி.டி. நாயுடு தனது தொழிற்துறை வெற்றிக்காகத் தியாகம் செய்தவர் என்றால், இது ஓர் அரிய செயற்கரிய செயலல்-லவா?

கோவையில் பேருந்துகளை நடத்திய அவரது துவக்கக் காலப் பேருந்து நிறுவனத்துக்கு ஜி.டி. நாயுடுவே முதலாளி. அவரே அந்த ஒரு பேருந்துக்குரிய ஒட்டுநர், அவரே கிளி-னர். பஸ் நிலையத்தில் குரல் கொடுத்துப் பயணிகளைச் சேகரிக்கும் பணியாளர், சுருங்கக் கூறுவதானால் எல்லாமே

ஜி.டி. நாயுடு தான்.

முதலாளிக்கு முதலாளியாகவும், தொழிலாளிக்குத் தொழிலாளியாகவும் அவரே வேலை செய்ததால்தான், தொழிலாளிகளின் வாழ்க்கைத் தரம், வளம், நலம் ஆகிய-வைகள் உயர முடியும் என்ற உண்மைகளை அவர் உணர்ந்-தார்.

அவரது பேருந்து நிறுவனத்தில் தொழிலாளி ஒருவன் உடல் நலமில்லாமல் தொழிலுக்கு வந்து பணியாற்றினால், ஜி.டி. நாயுடு நிறுவன நிர்வாகம் அந்தத் தொழிலாளிக்குப் பத்து ரூபாயை அபராதம் விதித்தது. இதிலிருந்து நமக்கு என்ன தெரிகிறது?

தொழிலாளர் சுகமே, நலமே தனது சுகம், நலம் என்று ஜி.டி. நாயுடு எண்ணி வாழ்ந்ததால்தான், அவரால் ஒரு பெரும் பேருந்து நிறுவனத்துக்கும், 200-க்கும் மேற்பட்ட பேருந்துகளுக்கும், முதலாளியாக உயர முடிந்தது. அத்துடன் அந்த மனித குல நேயர், தொழிற் சங்கத் தலைவராகவும் நியமனமாகி முன்னேற முடிந்தது.

நாயுடு கண்டுபிடித்த : அற்புத சாதனைகள் - முகம் சவரம் செய்யும் ரேசண்ட் என்ற பெயருடைய பிளேடு ஒன்றை ஜி.டி. நாயுடு கண்டு பிடித்தார். அந்த பிளேடு 200 முறைகள் முகச் சவரங்களைத் தொடர்ந்து செய்யும் கூர்மை பெற்றதாக இருந்தது. ஏறக்குறைய 2 ஆண்டுக்க-ளுக்கு அந்த பிளேடு முக சவரம் செய்யுமாம்!

அப்படிப்பட்ட அற்புத பிளேடு ஒன்றை இதுவரை உலகத் தால் கண்டுபிடிக்கப்பட முடியவில்லை என்றால், ஜி.டி. நாயுடுவின் விஞ்ஞான ஆய்வுத் திறத்தின் திறமை எவ்வளவு நுட்பமானது என்று எண்ணிப் பார்ப்போருக்குத்தான் உண்மை புரியும்.

ஒலி சமனக் கருவி என்ற ஒன்றக் கண்டுபிடித்தவர் ஜி.டி நாயுடு. அதை ஆங்கிலத்தில் Distance Adjuster என்-பார்கள். அதன் விவரத்தை உள்ளே உள்ள பகுதிகளில் படித்துப் புரிந்து கொள்ளுங்கள்.

எடிசன் கைவிட்ட ஓட்டுப் பதிவு இயந்திரம்! - இந்தியா முழுவதும் நடைபெறும் தேர்தலில், மக்கள் வாக்குகளைப் பதிவு செய்யும் இயந்திரங்களைப் பயன்படுத்தப் போவதாக, இந்தியத் தேர்தல் அதிகாரிகள் இப்போது மிகப் பெரு மிதத்தோடு கூறுகிறார்கள். ஏதோ ஒரு புதிய விஞ்ஞானக் கருவியைப் பயன்படுத்தபோவது போல மக்களிடம் பிரச்சாரம் செய்கிறார்கள்.

வாக்குப் பதிவு செய்யும் இந்த இயந்திரத்தை, அதாவது vote Recording Machine என்ற மின்சாரக் கருவியை, ஜி.டி. நாயடு 50 ஆண்டுகளுக்கு முன்பே கண்டுபிடித்து உலகுக்கு வழங்கினார். அதை அப்போதைய இந்திய அரசும், தமிழ்நாடு அரசும் பயன்படுத்திக் கொள்ளாமல் விட்டு விட்டன. இப்போது அதே ஓட்டுப் பதிவு இயந்திரத்தைத் தேர்தல்களிலே பயன்படுத்தப் போவதாக தேர்தல் ஆணையம் அறிவித்துள்ளது. ஜி.டி. நாயுடு கண்டுபிடிப்பில் இந்த வாக்குப் பதிவு இயந்திரத்தைக் கண்டுபிடிப்பதற்குச் சில ஆண்டுகளுக்கு முன்பு, உலகப் புகழ் பெற்ற விஞ்ஞானிகளுள் ஒருவரான தாமஸ் ஆல்வாய் எடிசன், இந்த ஓட்டுப் பதிவு இயந்திரத்தைக் கண்டுபிடிக்க மிக முயற்சி செய்தார். ஏதோ சில சிக்கல்களால் அவர் அந்த முயற்சியை அன்று கைவிட்டு விட்டார்.

எடிசன் கைவிட்ட அந்த அரும் முயற்சியை, தமிழ்நாட்டுத் தொழிலியல் விஞ்ஞானியான ஜி.டி. நாயுடு அப்போதே கண்டு பிடித்தார் - வெற்றியும் பெற்றார்!

சாலைகளில் ஓடும் பேருந்துகளின் வேக அதிர்ச்சிகளைச் சோதித்துப் பார்க்கும் Vibrat Testing Maching என்ற ஒரு கருவியை ஜி.டி. நாயுடு கண்டுபிடித்தார்.

இந்த வேக அதிர்ச்சியைச் சோதிக்கும் கருவியைக் கண்டு பிடித்தவர். தனது பேருந்துகள் ஓடும் வேகம் என்ன? எவ்வளவு? என்பதை அறிவதற்காகவே முதன் முதலாக அதைப் பயன்படுத்திடத் தனது பேருந்துகளுக்குப் பொருத்தினார்.

பழங்களைச் சாறு பிழியும் கருவிகள் இப்போது பழக் கடை களில் இயங்குவதைப் பார்க்கின்றோம். சாத்துக்குடி ஜூஸ், ஆப்பிள். திராட்சை, அன்னாசி, சப்போட்டா, ஆரஞ்சு, காரட் போன்றவைகளை இயந்திரக் கருவிகளில் போட்டு சாறு பிழிந்து விற்கிறோம். பருகுகிறோம் அல்லவா? அந்தக் கருவிகளைக் கண்டு பிடித்தவர் நமது ஜி.டி. நாயுடுதான். இது எத்தனைப் பேருக்குத் தெரியும்?

இரும்புச் சட்டங்களில் உள்ள நுணுக்கமான வெடிப்புகளைக் கண்டுபிடிக்கும் Magro Plux Testing Unit என்ற கருவியை ஜி.டி. நாயுடு என்ற அறிவியல் மேதைதான் கண்டுபிடித்தார். யாருக்குத் தெரியும் இந்த விஞ்ஞான சாதனை? இருட்டடிப்பு செய்து விட்டன அப்போதைய மத்திய - மாநில அரசுகள்.

இன்றைக்கு எந்தக் கணக்கைப் போடுவதானாலும் சுலப மாகப் போடுவதற்குரிய Calculating Machine-னைப் பயன்படுத்தும் நிலை உள்ளது. ஒவ்வொரு மளிகைக் கடைக்காரனும் அதைப் பயன் படுத்திடும் வளர்ச்சியை அது பெற்றுள்ளது. அந்தக் கணக்கிடும் கருவியைக் கண்டுபிடித்தவர் யார் தெரியுமா? நமது தொழிலியல் விஞ்ஞானியான ஜி.டி. நாயுடு அவர்கள்தான்.

இவை மட்டுமா? தூரத்துப் பார்வைக்காகப் பயன்படுத்தும் தொலைப் பார்வை கண்ணாடியான Lence-யும்; குளிர்பதனக் கருவியான Refrigerator-யும்; ஒலிப்பதிவு செய்யும் இயந்திரமான Recording Machine-யும், வானொலி கடிகாரமான Radio Clock-கையும் காபி தரும் கலவை இயந்திரமான Coffee Supplier-ரையும், பேருந்து நிலையத்திற்குள் நுழையும் பேருந்துகளின் கால நேரத்தையும், அது போலவே நிலையத்தை விட்டுப் புறப்பட்டு வெளியே போகும் காலத்தையும், கணக்கிடும் கருவியையும், உணவு தானியங்களை மாவாக அரைக்கும் Griender கருவிகளையும், வானொலி Radio பெட்டிகளையும் கண்டுபிடித்தவர் நமது ஜி.டி. நாயுடுதான் என்றால், தமிழ் மக்கள் ஆச்சரியப்படுவார்கள்.

நகராட்சிகள், பேரூராட்சிகள், பெரும் நகரங்கள்தோறும் முக்கியமான இடங்களில் நான்கு முகக் கடிகாரங்களை – அதாவது Tower Clock-க்கையும், கார்களுக்கும், அதா- வது உந்து வண்டி களுக்கும், பேருந்துகளுக்கும் தேவையான உதிரி உறுப்புகளைச் செய்து கொள்ளும் Foundry Castings கருவிகளையும், மின்சார மோட்டார் உற்பத்- திகளையும் கண்டுபிடித்த விஞ்ஞானியாகவும் ஜி.டி.நாயுடு விளங்கினார்.

செப்புக் கம்பிகளைப் பல வகையான அளவில் தயார் செய்யும் ஆர்முச்சூர் வைண்டிங் என்ற டைனமோக்களுக்குத் தேவையான கம்பிச் சுருள்களைத் தயாரிக்கும் நிறுவனத்தை- யும் ஜி.டி. நாயுடு உருவாக்கினார்.

சத்து மாவு தயாரிக்கப்படும் Malt Products நிறு- வனத்தை நாயுடு ஏற்படுத்தினார். காசுகளை ஒரு கருவியுள் போட்டால், அந்தக் கருவி தானாகவே பாடல்களை பாடும் Slot Singing Machine-யும் பொழுது போக்குக்காகக் கண்டுபிடித்தவர் திரு. நாயுடு.

மேற்கண்ட கண்டுபிடிப்புக் கருவிகளை எல்லாம் தொழில் நிறுவனத்தின் பயன்பாடுகளுக்காக உருவாக்கியவை போக, கல்வித் துறையில் தொழில் நுணுக்கப் பள்ளி, பொறியியல் கல்லூரி போன்ற பள்ளிகளையும், சித்த மருத்துவத் துறை- யில், பல மருந்துகளைப் பரிசோதித்து நீரிழிவு நோயை குணமாக்கும் மருந்துகளையும், வெள்ளை – வெட்டை என்ற நோய்களுக்குத் தனது நண்பர்களுடன் இணைந்து, மேல் நாடுகள் போற்றுமளவுக்கு சிறப்பான மருந்துகளையும், ஜி.டி.நாயுடு கண்டுபிடித்தார். இதனால் சித்த வைத்தியப் பேராசிரியர் என்ற பட்டத்தையும் நாயுடு பெற்றார்.

ஆக்கம் அழிவுக்கே! உடைத்து நொறுக்கினார்! - இவை மட்டுமா? அறிவியல், தொழிலியல் துறைகளில் மேலும் பலவிதமான அரிய கண்டுபிடிப்புகளை எல்லாம் ஜி.டி.நாயுடு கண்டுபிடித்த விவரங்களை, புத்தகத்தின் உள்ளே நீங்கள் படித்து மகிழலாம்.

இத்தகைய அரிய விஞ்ஞானக் கண்டுபிடிப்புக்களை அரும் பாடுபட்டுக் கண்டுபிடித்த ஜி.டி.நாயுடு, தனது விஞ்ஞான விந்தைக் கருவிகள் எல்லாவற்றையும் சென்னையில் ஒரு பொருட்காட்சியாகத் திறந்து வைத்து, மக்களைப் பார்க்குமாறு செய்தார்.

மக்கள் அந்தப் பொருட்காட்சியைப் பார்த்த பின்பு, மனம் நொந்து, விரக்தி உள்ளத்தோடு, வேதனைப்பட்டு, "ஆக்கம் அழிவுக்கே' Construction for Destruction என்ற அறிவிப்புப் பலகையிலே அதை எழுதி, அந்த காட்சியகத்தின் வாயிலிலே மாட்டித் தொங்க வைத்து, அதனையும் மக்கள் பார்க்குமாறு செய்தார் ஜி.டி. நாயுடு.

தந்தை பெரியாரையும், அறிஞர் அண்ணா அவர்களையும் அந்த விஞ்ஞானப் பொருட் காட்சியகத்துக்கு வரவழைத்து, அவர்களையும் அவற்றைப் பார்க்கச் செய்த பின்பு, கூடியுள்ள மக்கள் கூட்டத்திற்கு முன்பாக, தனது அரிய கண்டுபிடிப்புக் கருவிகளை எல்லாம் மக்களை விட்டே அடித்து உடைத்து நொறுக்கினார்!

தொழிலியல் விஞ்ஞானியான ஜி.டி. நாயுடு மனம் உடைந்து ஏன் அவற்றை அடித்து உடைத்து நொறுக்கினார்? என்ற விவரத்தை நீங்கள் இந்த நூல் உள்ளே படிக்கலாம் வாருங்கள்!

2. படிக்காத மேதை நாயுடு; பார் போற்றும் விஞ்ஞானி ஆனார்!

இராபர்ட் கிளைவும் ஜி. துரைசாமியும்! - இராபர்ட் கிளைவ் என்ற ஒரு சிறுவன் இங்கிலாந்து நாட்டிலே தோன்றினார்! அவன் ஒரு தீராத விளையாட்டுப் பிள்ளையாக இருந்தான். பள்ளிப் பருவக் காலத்தில் அவன் மிகப் பெரும் குறும்பன். எங்கே கலகம் உண்டாகின்றதோ, எந்தெந்த இலண்டன் நகர வீதிகளிலே சண்டையும் சச்சரவும் காணப்படுகின்றதோ அந்தந்த இடங்களிலே எல்லாம் கிளைவ் தான் காரண கர்த்தா-

வாக விளங்கினான்.

கற்களை எடுத்து கடைகள் மேலே வீசுவான். காரணம், கடைக்காரன் கிளைவ் கேட்டதைத் தரமாட்டான்; கொடுக்க மாட்டான் என்றால், கடையிலே அவன் கேட்டப் பொருள் இருக்காது. அதனால் வாயடி வம்புகளை வளர்ப்பான், சாக்கடைச் சேறுகளை வாரி கடை மீது வீசுவான். அதனால் ஒரு கலகம் தோன்றும். கடை வீதியே அவன் குறும்புத்தனத்தைக் கண்டிக்கும்; இழிவாகப் பேசும், காவல் துறைக்குள் புகார்கள் புகும். மன்னித்து அவனை வெளியே விரட்டுவார்கள் - சிறு பையனாக இருக்கிறானே என்ற காரணத்தால்.

அத்தகைய ஒரு போக்கிரி என்று பெயரெடுத்தவன் - வாலிபனானான். பிரிட்டிஷ் படைகளின் ஒரு பிரிவான கிழக்கிந்தியக் கம்பெனி என்ற வணிக நிறுவனத்திலே அவன் சேர்க்கப்பட்டான் - வணிகம் செய்யும் ஊழியனாக!

குறும்புகளே குணமாக வளர்ந்த அந்தக் குறும்பனுடைய தொல்லைகளால் உருவான குழப்பங்களைக் கண்டு; அவன் வாலிபத் திமிர்களை அடங்குவதற்காக இந்தியாவுக்கு அனுப்பி வைத்தது - கிழக்கு இந்திய கம்பெனி என்ற வணிக நிறுவனம்!

இந்தியாவிற்கு அனுப்பப்பட்ட அந்த வாலிபனான இராபர்ட் கிளைவ், தமிழ்நாட்டில் இருந்த கிழக்கு இந்திய கம்பெனியின் வணிகக் கிளைக் குழுவில் பணியாற்றினான். அவன் அதிகாரத்தில் ஒரு இராணுவப் படையும் இருந்தது.

இராபர்ட் கிளைவ் என்ற அந்த குறும்பன் தான், இந்தியாவில் சூரியன் மறையாத பிரிட்டிஷ் சாம்ராச்சியத்தை The Never Sun Set in British Empire-ஐ தோற்றுவித்தான். அந்தக் குறும்புத்தனமானவன்தான் வரலாற்றில் தனக்கென ஓரிடத்தை உருவாக்கிக் கொண்ட வரலாற்று மாவீரனான்: அவனால் இந்தியாவில் பிரிட்டிஷ் பேரரசு உருவாகி - நிலையாக நிறுத்தப்பட்டது.

அந்த சரித்திர நாயகனைப் போலவே, தமிழ்நாட்டில், கோயம்புத்தூர் மாவட்டத்தில் 'கலங்கல்' என்ற ஓர் ஊரில்

கோபால்சாமி என்பவருடைய மகனாக ஜி. துரைசாமி பிறந்து வளர்ந்தார்.

அவருக்குக் கலங்கல் கிராமத்தில் ஒரு வீடும், தோட்டமும், சிறிது புன்செய் நிலமும் இருந்தது. அதனால் கோபால்சாமி அந்த ஊர் போற்றும் ஒரு வேளாண் குடிமகனாக பெயரும் புகழும் பெற்று வாழ்ந்து வந்தார்.

கோபால்சாமி, விவசாயியாக மட்டுமல்லாமல், தனது தோட்டத்திலே பஞ்சும், புகையிலையும், பயிர் செய்து வந்ததால், ஓரளவு அவர் தனது மனைவியுடன் செல்வாக்கோடு வாழ்ந்த வந்தபோது, 23.3.1893-ஆம் ஆண்டில் அவருக்குப் புதல்வனாகப் பிறந்தவர்தான் நாம் முன்பு குறிப்பிட்ட அந்த ஆண் குழந்தையான ஜி. துரைசாமி என்ற குழந்தை.

பிள்ளைப் பருவமும் : கல்வி நிலையும்! - குழந்தை பிறந்த ஓராண்டுக் குள்ளாகவே, கோபால்சாமி தனது வாழ்க்கைத் துணை நலமாக வாழ்ந்து வந்த அருமை மனைவியை இழந்தார். அதனால், துரைசாமி குழந்தையாக இருந்தபோதே தாயைப் பறிக் கொடுத்து விட்டார் என்ற பரிதாபத்தால், அதே கோவை மாவட்டத்திலே இருந்த தனது தாய் மாமனான இராமசாமி என்பவரின் ஆதரவோடு இலட்சுமி நாயக்கன் பாளையம் என்ற ஊரில் துரைசாமி வளர்ந்து வந்தார்.

பள்ளிக்குச் செல்லும் பருவம் வந்ததும், துரைசாமியைத் தாய் மாமன் இராமசாமி, அங்கே இருந்த ஒரு திண்ணைப் பள்ளியில் கல்வி கற்கச் சேர்த்து விட்டார்.

பள்ளி வாழ்க்கையை துரைசாமி வெறுத்தார். அவரை அன்புக் காட்டிப் பள்ளிக்கு அனுப்புவார் யாருமில்லை. தாயில்லாப் பிள்ளை அல்லவா? அதனால் அவர்மீது அன்பு காட்டுவார் யாரும் இல்லை.

வீட்டில் எப்படிக் குறும்புத்தனம் செய்து வந்தாரோ, அதே அரட்டைகளையும், சச்சரவுகளையும் வீட்டிற்கு வெளியிலும், பொதுவாக அந்தக் கிராமத்திலும், இராபர்ட் கிளைவைப் போலச் செய்வதையே பழக்க வழக்கமாகக் கொண்டிருந்தார் - துரைசாமி!

இந்தத் தொல்லைகள் நாளுக்கு நாள் அதிகமாகவே, அந்தக் குழப்பங்களைத் தடுக்கவும், நிறுத்தவும் - அவருடைய தாய் மாமன் திண்ணைப் பள்ளிக்கு அனுப்பியும்கூட, அதே உபத்திரவங்கள் மேலும் தொடர்வதால் ராமசாமிக்கு மிகவும் வருத்தமாக இருந்தது. தாயில்லாப் பிள்ளையை என்ன செய்வது, எவ்வாறு அவரை முன்னேற்றுவது என்பதிலே அக்கறை கொண்டு சிந்தனை செய்தார் - தாய் மாமன்!

சிறுவன் துரைசாமி பள்ளிக்குச் சென்றாரே ஒழிய, அவர் குறும்புத்தனங்கள் குறைந்தபாடில்லை. பள்ளியில் உள்ள மற்றப் பிள்ளைகளுக்கும் அவரால் துன்பங்கள் அதிகமாயின.

அதனால், திண்ணைப் பள்ளி ஆசிரியர் பிரம்பால் அடிக்கும்போது மட்டும் துரைசாமி சற்று பணிந்தாரே தவிர, பிறகு அதே குறும்புகளை அடாவடித்தனமாக, தன்னையறியாமலேயே செய்யும் சூழ்நிலை பள்ளிப் பிள்ளைகளால் அவருக்கு உருவானது.

இந்த பள்ளி இடையூறுகளுக்கு இடையிலும், சிறுவன் துரைசாமி அதே பள்ளியில் மூன்றாண்டுகளைக் கழித்து வந்த போது, அவர் தமிழ் மொழியை ஓரளவுக்குப் படிக்கவும், எழுதவும் கற்றுக் கொண்டார், கணக்குப் போடுவதிலும் சிறந்து விளங்கினார். என்னதான் குறும்பனாக இருந்தாலும், துரைசாமி தமிழ்ப் பாடத்திலும், கணக்குப் போடுவதிலும் மற்ற பிள்ளைகளைவிட, வல்லவனாக இருப்பதைக் கண்ட திண்ணைப் பள்ளி ஆசிரியருக்கு: அந்தச் சிறுவன் துரைசாமி மீது தனியொரு மதிப்பும், மரியாதையும், அன்பும் வளர்ந்து வந்ததது. அதனால், சில நேரங்களில் அந்தச் சிறுவன் செய்யும் துஷ்டத் தனங்களையும் மன்னித்துக் கருணைக் காட்டி வந்தார்.

சிறுவன் துரைசாமிக்குத் திண்ணைப் பள்ளி வாழ்க்கை வெறுப்பை வளர்த்தது. இந்தப் பள்ளியை விட்டு எவ்வாறு வெளியேறுவது என்பதில் அந்தப் பையன் கவனம் செலுத்த ஆரம்பித்தான்.

ஒரு நாள் ஆசிரியர் துரைசாமியிடம் ஒரு பாட்டை மனனம் செய்யுமாறு கூறியிருந்தார். ஆனால், அச் சிறுவன் தனது விளையாட்டுத் தனத்தால் பாட்டை மனப்பாடம் செய்-யாமல் போகவே, ஆசிரியர் பிரம்பைக் கையில் எடுத்ததும், துரைசாமிக்கு எதிர்பாராமல் ஆசிரியர் மீதே கோபம் வந்து விட்டது.

திண்ணைப் பள்ளி அல்லவா? அதன் சுவற்றோரம் கொட்டி வைக்கப்பட்டிருந்த – பரப்பி வைக்கப்பட்டிருந்த மணலை இரு கைகளாலும் வாரி ஆசிரியர் கண்கள் மீது வீசியெறிந்து விட்டு ஓடி விட்டார்.

ஆசிரியர் தனது கண்களை ஊதித் துடைத்துக் கொண்டு, இனி துரைசாமி வந்தால், பள்ளியில் உட்கார வைக்க வேண்டாம் என்று மற்ற மாணவர்களிடம் கூறினார்!

அதற்குப் பிறகு, துரைசாமியும், அந்தப் பள்ளிக்கு வரா-மல் நின்று விட்டார். பள்ளிப் படிப்பு வாழ்க்கையும் அன்-றோடு முடிந்தது.

துரைசாமி மணலை வாரி வீசிய சம்பவத்தை அவனு-டைய தாய் மாமன் ராமசாமியிடம் வீடு தேடிப் போய் பள்ளி ஆசிரியர் கூறவே, துரைசாமியால் உண்டாகும் தொல்லை-களைப் பொறுக்க முடியாமல், அவனைத் தேடி அலைந்து கண்டுபிடித்து அவன் தந்தையிடமே ஒப்படைத்து விட்டார். சிறுவன் துரைசாமி மீண்டும் தான் பிறந்த ஊரான கலங்கல் கிராமத்துக்கு வந்து தந்தையின் பாதுகாப்பிலே இருந்தார்.

மைத்துனர் ராமசாமி கூறியதைக் கோபால்சாமி கேட்ட-வுடன் மகன்மீது கோபம் கொண்டு அவனைத் தோட்டத்து வீட்டிலேயே தங்க வைத்து, பருத்தி, புகையிலை விவசா-யத்தைக் கற்றுக் கொடுத்து, பயிரைப் பாதுகாத்துக் கொண்டு தோட்டத்தை விட்டு வெளியே எங்கும் போகக் கூடாது என்-றும் கண்டித்தார்.

விவசாயம் செய்ய பயிற்சி பெற்றார்! - கிராமத்தை விட்-டுச் சிறிது தூரம் தள்ளி தோட்டம் இருந்த தால், சிறுவன் தனிமையாகவே இருக்கும் நிலை ஏற்பட்டு விட்டது.

காலையில் எழுந்ததும் துரைசாமி, பருத்தி, புகையிலை வயல் வெளிகளில் மண் வெட்டுவார்; பிறகு மாடுகளை மேய்ப்பார்; வயற் காட்டில் உள்ள களைகளை எடுப்பார்; தோட்டத்தைக் காவல் காப்பார்; இவற்றைத் தினந்தோறும் செய்து, விவசாய வேலைகளைச் செய்வார்.

இவ்வளவு வேலைகளையும் செய்து வரும் தனது மகனுக்கு உதவியாக, அவன் தந்தை ஒரு காவலாளியை நியமித்தார். அவன் துரைசாமி செய்து வந்த பணிகளை எல்லாம் பொறுப்பேற்று செய்து வந்ததால், ஓய்வு நேரம் அதிகமாகக் கிடைத்ததை வீணாக்காமல், தமிழ் நூல்களைக் கற்று அறிவை மேலும் வளர்த்துக் கொண்டார் துரைசாமி. உண்ணுவதும், உறங்குவதும், புதுப் புதுத் தமிழ் நூற்களை வாங்கிப் படிப்பதும் அந்த வாலிபனின் அன்றாட பணியாக இருந்தன.

மாடுகள் மீதுள்ள கருணை: வைக்கோல் போரில் தீ! - தீபாவளி திரு விழாவைக் கலங்கல் கிராம மக்கள் எப்போ- தும் விமரிசையாகக் கொண்டாடுவது வழக்கம். அதனால், கோபால் சாமியும், மகனைத் தனது ஊரிலுள்ள வீட்டுக்கு அழைத்துவந்து தீபாவளியை விமரிசையாகக் கொண்டாட விரும்பியதால், தோட்ட வீட்டிலிருக்கும் மகனை அழைத்து வர அவர் ஓர் ஆளை அனுப்பி இருந்தார். அந்த ஆளும், துரைசாமியும் கலங்கல் கிராமத்திலுள்ள அவரது வீட்டுக்கு வந்து கொண்டிருக்கும்போது, வழியில் ஒரு வைக்கோல் வண்டி நிறை மாதக் கர்ப்பிணிபோல மெதுவாக வந்து கொண்டிருந்தது.

வண்டியில் பாரம் அதிகம்! மாடுகளால் அந்த வண்டியை இழுக்க முடியாமல் நடை தளர்ந்து வந்து கொண்டிருப்பதை கண்ட துரைசாமி, பாரத்தை இழுக்க முடியாமல் தள்ளாடி வரும் மாடுகளைப் பார்த்ததும் இரக்கமடைந்து. அந்த மாடு- களைச் சற்று ஓய்வெடுக்க விடலாம் என்று நினைத்தான்.

என்ன செய்வது? இந்த இரக்க உணர்வை வண்டிக்கா- ரனிடம் கூறினால் கேட்பானா? கேட்கவே மாட்டான் என்ற முடிவுக்கு வந்த துரைசாமி, தன்னிடமிருந்த தீப்பெட்டியை

எடுத்து ஒரு தீக்குச்சியைத் தேய்த்து வைக்கோல் வண்டியின் மேலே போட்டதும், வண்டியிலே இருந்த வைக்கோல் எல்லாம் எரிந்து சாம்பலானாது. மாடுகள் பூட்டை விட்டு அலறித் தப்பித்து ஓடின. வண்டிக்காரன் இந்த செய்தியை ராமசாமியிடம் ஓடிப் போய் கூறினான்.

கோபால்சாமி மிகவும் வருந்தினார். மீண்டும் துரைசாமியைத் தனது தோட்ட வீட்டுக்கே செல்லுமாறு, கண்டித்துப் பேசி அனுப்பி விட்டார். துரைசாமி தனது தோட்ட வீட்டுக்குள்ளேயே ஏறக்குறைய ஒன்பது ஆண்டுகள் இருந்தார். அதற்குள் ஆங்கில அறிவும், பெற்றிட விரும்பினார்.

வயது பதினெட்டானது, வாலிபன் ஆனார் துரைசாமி. தோட்ட வாழ்க்கையில் பருத்தி விவசாயத்தையும், அதன் வியாபார நுட்பத்தையும், புகையிலைப் பயிரால் வரும் நன்மைகளையும், பன வருவாய் தரும் அவற்றின் முழு விவரத்தையும் அறிந்த துரைசாமி, தனது தந்தையாரின் வியாபாரத்துக்குத் துணையாகவும் இருந்து, தந்தையின் தொழில் நுட்பங்களை எல்லாம் நன்கு புரிந்து கொண்டார். தந்தையும் - மகனும் தொழிலில் சேர்ந்தே ஈடுபட்டார்கள்.

தந்தையுடன் தொழிலில் ஈடுபட்ட நேரம் போக, தான் பழையபடி குறும்புத்தனமாக விளையாடுவதிலும், படிப்பதிலும் அவர் நேரத்தைச் செலவழித்தார். ஒரு நாள் கலங்கல் கிராமத்து மணியக்காரர் அவசரமாக வெளியூர் செல்லும் நேரம் வந்ததால், தான் திரும்பி வரும் வரையில், கிராம மணியம் பணியை துரைசாமி கவனித்து வருவார் என்று மேலதிகாரிகளுக்கு எழுதி வைத்து விட்டுப் போனார். துரைசாமியும் அதற்குச் சம்மதித்துக் கொண்டார். அதனால், மணியம் வேலையை ஒழுங்காகச் செய்து வந்தார்.

மணியக்காரர் செய்த எருமை சவாரி! - வட்ட ஆட்சியர், வருவாய் துறை அதிகாரி, அவர்களுக்குப் பணிபுரிய வரும் அலுவலகப் பணியாள் ஆகியோர், கலங்கல் கிராமத்தை நேர்முகமாகப் பார்வையிட, அரசு பணிகள் விவரம் அறிய - அந்த ஊருக்கு வந்து கொண்டிருந்தார்கள்.

துரைசாமி தனது தோட்ட வீட்டிலே இருந்து எருமை மீது சவாரி செய்து கொண்டு, ஊர் புறம் வீட்டுக்கு வருவதும், எருமையின் பாலைக் கறந்து குடித்து விட்டு பிறகு வழக்கம் போல அதே எருமை மீதே சவாரி செய்து கொண்டு தோட்ட வீட்டுக்குப் போவதும் வழக்கமாகக் கொண்டிருந்தார்.

ஊர் நோக்கி வந்து கொண்டிருந்த அரசு அதிகாரிகள் மணியக்காரர் வீட்டருகே வந்து அவரை அழைத்து வரு-மாறு ஊர் பெரியவர்களிடம் கேட்டனர். அதற்கேற்ப ஆட்-கள் ஓடோடி துரைசாமியை அழைத்து வந்தார்கள்.

உடனே தாசில்தார் ரெவின்யூ அதிகாரியைப் பார்த்து, இந்த ஆள் எருமைமேலே சவாரி செய்து கொண்டிருந்த ஆளல்லவா? என்று கேட்டார். அவரும் 'ஆம்' என்று பதில் கூறவே, 'எருமை மாட்டு மீது சவாரி செய்பவனா இந்த ஊர் மணியக்காரன்?' என்று வியப்போடு அவர்கள் துரைசாமி-யையே பார்த்து நின்றார்கள்.

ஆனால், துரைசாமி தனது எருமைச் சவாரியைப் பற்றி அதிகாரிகளிடம் பெருமையாகப் புகழ்ந்து பேசிக்கொண்டே இருந்தார்.

இதைக் கேட்ட அதிகாரிகள் அந்த இளைஞனுடைய விளையாட்டுத் தனத்தைப் பொருட்படுத்தாமல் திரும்பினார்-கள்.

துரைசாமி ஒரு நாள் தனது நண்பர் ஒருவனைத் துரத்திக் கொண்டே ஓடினார். ஓடிய வேகத்தில் அந்த நண்பருடைய வீட்டில் தொங்கிக் கொண்டிருந்த இரும்புச் சங்கிலி ஒன்றில் சிக்கிக் கொண்டார். துரைசாமியின் கால்கள் சங்கிலித் தொடரில் பின்னிக் கொண்டன. விடுபட முடியாமல் திண-றினார்; தவித்தார். அந்த நண்பனையே தன்னை விடுவிக்-குமாறு துரைசாமி வேண்டினார்.

அதற்கு அந்த நண்பன் இரண்டு விதிகள் துரைசாமிக்கு விதித்தான். அதற்குச் சம்மதித்தால் அவன் விடுவிப்பதாகக் கூறினான். அவரும் அதற்கு ஒப்புக் கொண்டார். என்ன அந்த இரண்டு விதிகள்?

“இரண்டாண்டுகள் நீ என்னைத் துன்புறுத்தக் கூடாது. மற்றொன்று, நான் உன்னைத் துன்புறுத்தினால் நீ என்னைப் பொறுத்துக் கொள்ள வேண்டும். என்ன சம்மதமா?” என்று கூறியவனுக்கு, துரைசாமி ‘சரி’ என்று கூறவே, அந்த நண்பன் அவனை விடுவித்தான்.

அவர்களுக்குள் என்ன துன்பமோ, என்ன விவகாரமோ, அதை அவர்கள் இருவருமே ஒருவருக்கு ஒருவர் இன்னதென்று கூறிக் கொள்ளவில்லை. இருந்தாலும், அவர்களது ஒப்பந்தம் இரண்டாண்டுகள் நீடித்தது. அதனால், துரைசாமி அந்த நண்பனுக்கு அடங்கியே நடந்து கொண்டார்.

பட்டம் விடுவதற்கு ! தங்கக் கம்பி நூல்! - துரைசாமியின் நண்பர்கள் கோடைக் காலப்பொழுது போக்குக்காக காற்றாடி விடுகின்ற பழக்கம் உடையவர்கள், அவ்வாறு ஒரு நாள் அவர்கள் பட்டம் விடும் வழக்கத்தைத் துரைசாமி பார்த்தார். தனக்கும் அதுபோல காற்றாடி பறக்கவிட வேண்டும் என்ற ஆசை எழுந்தது. ஆனால், அவரிடம் பட்டம் இல்லை. என்ன செய்வது என்று சிந்தித்தார்

அப்பொழுது அக் கூட்டத்தில் இருந்த ஒரு சிறுவனிடம் பட்டம் இருப்பதை துரைசாமி பார்த்தார். அவனிடம் சென்று பட்டத்தைக் கேட்டுப் பெற்றார். நூலுக்கு என்ன செய்யலாம் என்று யோசித்தபோது, பக்கத்தில் தட்டான் ஒருவன் தங்க ஆபரணம் செய்வதற்காக தங்கத்தை கம்பிபோல நீட்டி இழுத்துக் கொண்டிருப்பதைப் பார்த்து விட்டார். அவ்வளவுதான்! துரைசாமி அந்த தட்டானிடம் ஓடி, அந்தத் தங்கக் கம்பியைப் பிடுங்கிக் கொண்டு, தனது பட்டத்துக்கு அதைக் கயிறாகக் கட்டிக் காற்றில் பறக்கவிட்டார் காற்றாடியை!

‘காற்றாடி விட்ட ஆசை தீர்ந்ததும், பட்டத்தை அந்தப் பையனிடமே கொடுத்து விட்டு, தங்கக் கம்பியைத் தட்டான் இடமே திருப்பிக் கொடுத்துவிட்டு, அதற்கு நன்றியையும், அவர் சொல்லி விட்டுத் தனது தோட்டத்துக்குத் திரும்பி வந்தார்.

துரைசாமி தனது ஓய்வு நேரத்தில் ஊரைச் சுற்றி வரு-
வார். தனக்கு வேண்டிய நண்பர்களைப் பார்த்துப் பேசி-
விட்டு, கற்க வேண்டிய நூல்களை நண்பர்களிடம் பெற்றுக்
கொண்டு தோட்ட வீட்டுக்கு அவர் வருவது வழக்கம்.

ஒரு நாள் இவ்வாறு நண்பர்களைச் சந்தித்து விட்டுத்
திரும்பி, வரும்போது, வழியில் ஒரு காலி பாட்டல் அவருக்-
குத் தென்பட்டது. அதை எடுத்துப் பார்த்தார். அந்தக் காலி
புட்டி மீது 'பார்க் டேவிஸ்" - என்ற நிறுவனம் தயாரித்த
ஒரு வலி நிவாரணி Pain Killer என்ற மருந்துள்ள பாட்-
டல் என அச்சிடப்பட்டிருந்தது. அந்த நிவாரணியைத் தயா-
ரித்த நிறுவனத்தின் அமெரிக்க முகவரியும் அதில் இருந்தது.
அந்தக் காலிப் பாட்டலைக் கொண்டு வந்து அவர் பாது-
காத்து வைத்திருந்தார்.

அமெரிக்க மருந்துக்கு : ஏஜெண்டானார்! - கலங்கல்
கிராமத்திற்கு அரசு வருவாய்த் துறை அதிகாரி ஒருவர் வந்-
தார். அவரிடம் அந்த மருந்து பற்றிய விவரங்களைத் துரை-
சாமி கேட்டு அறிந்தார். அந்த நேரத்தில், அக் கிராம மக்-
களில் பலர் தலைவலி, முதுகு வலி, மூட்டு வலி போன்ற
பல வலி நோய்களால் வேதனைப்பட்டுக் கொண்டிருந்தார்-
கள்.

ஊர் மக்கள் பலர் வலிகளால் வருந்துவதை உணர்ந்த
துரைசாமி, அந்த வருவாய் துறை அதிகாரியைப் பயன்ப-
டுத்தி, அமெரிக்க வலி நிவாரண நிறுவனத்துக்குக் கடிதம்
எழுதி அந்த மருந்தை வரவழைத்தார். அந்த வலி நீக்கி
மருந்தை, சிறிது லாபம் சேர்த்து, யார் நோயோ, அவர்கட்கு
எல்லாம் அந்த மருந்தைக் கிராம மக்களின் வலி நோய்க-
ளைப் போக்கினார்.

வலி நீக்கி மருந்தோடு, நில்லாமல், கடிகாரங்கள், ஆர்-
மோனியப் பெட்டிகள் போன்ற பொருட்களையும் வாங்கி
விற்று, ஏறக்குறைய 600 ரூபாய் வரை சம்பாத்யம் செய்தார்
துரைசாமி.

துரைசாமி தந்தையார் வைத்திருந்த தோட்டங்களைப்
போல அப்போது பல தோட்டங்களில் தோட்ட வேலை

செய்பவர்கள் இருந்தர்கள். அவர்களில் ஆண்களுக்கு மூன்–
றணாவும், பெண்களுக்கு இரண்டனவும் தோட்ட முதலாளி–
களால் கூலி கொடுக்கப்பட்டு வந்தது.

தோட்டத் தொழிலாளர் : போராட்டத் தலைமை! –
ஏழைக் குடியானவர்களுக்கு இந்தக் கூலி போதாது என்பது
துரைசாமி வாதம், அதற்காக அவர், ஏழைக் கூலியாட்களை
ஒன்று திரட்டிக் கொண்டு தோட்ட முதலாளிகளிடம் சென்று
நாள் ஒன்றுக்கு மூன்றணா இரண்டணா கூலி கொடுப்பது
போதாது என்று துரைசாமி வாதாடினார்.

தோட்ட முதலாளிகள் துரைசாமியின் மனித நேயத்–
தையும், தோட்டத் தொழிலாளர்களின் அவல வாழ்க்கை
நிலைகளையும் நெஞ்சா உணர்ந்து, குடியானவர்களுக்குரிய
நியாயமான ஊதிய உயர்வை வழங்கினார்கள். இதனால்
துரைசாமிக்கு குடியானவர்கள் இடையே மதிப்பும், மரியா–
தையும் உயர்ந்தது.

பொது மக்களுக்காகவும், தொழிலாளர்களுக்காகவும்,
நியாயமான வாழ்க்கை உரிமைகளுக்காகவும் போராடி
வெற்றி பெருமளவுக்கு ஊரிலும், தோட்ட முதலாளிகள்
இடையேயும் மதிப்பும் மரியாதையும் துரைசாமிக்கு நாளுக்கு
நாள் உயர்ந்து வரவே, கோபால்சாமி தனது மகனுக்குத்
திருமணம் செய்திட முனைந்தார்.

குறும்பரை அடக்க : திருமணம் செய்தார்! – திருமணம்
செய்து வைத்து விட்டால் மகனுடைய குறும்புத்தனங்கள்
அடங்கிவிடும் என்ற எண்ணத்தில் கோபால்சாமி நாயுடு
தனது உறவினர்களுக்குள்ளேயே செல்லம்மாள் என்ற
பெண்ணைத் திருமணம் செய்ய நிச்சயம் செய்தார்.

திருமணத்துக்கு நாள் குறித்ததோடு, எல்லா வேலை–
களையும் கோபால்சாமி நாயுடுவே முன்னின்று ஓடியாடி
செய்ய வேண்டிய நிலை. அதுவும் தாய் இல்லா ஒரே மகன்
அல்லவா துரைசாமி? அதனால், எந்தக் கஷ்டங்களையும்
ஏற்றுக் கொண்டு அவரே வேலைகளைச் செய்ய வேண்டிய
சூழ்நிலை ஏற்பட்டது.

திருமண நாளன்று, முகூர்த்த வேளையின்போது, மணமேடையில் மணமகளுக்குத் தாலிகட்டும் நேரம் வந்த போது, மணமகனை அழைத்தார்கள்.

துரைசாமியைக் காணவில்லை. எல்லா இடங்களிலும் மணமகனைத் தேடினார்கள். பெண் வீட்டாரும், பிள்ளை வீட்டாரும் ஒன்று சேர்ந்து அங்கும், இங்கும் அலைந்து தேடினார்கள். மணமண்டபம் திகைத்தது. முகூர்த்த நேரம் வேறு நெருக்கியது.

இறுதியாக, தனது தோட்ட வீட்டில் துரைசாமி ஒளிந்து கொண்டு, மண வீட்டார் இருவரையும் அலைய விட்டு, ஓடி ஆடி தேட விட்டு, இறுதியாக மணமகன் தோட்ட வீட்டுக்குள்ளேயே பதுங்கியிருந்த, துரைசாமியை மணமகன் குழுவினர் அவரை இழுத்துக் கொண்டு வந்து, மணப் பந்தலில் உட்கார வைத்தார்கள்.

தாலி கட்டினார் செல்லம்மாள் என்ற அழகு மங்கைக்கு துரைசாமி. திருமணமும் முடிந்தது. துரைசாமி சிறுவனாக இருக்கும்போதே குறும்பராக இருந்தார்: பள்ளிக் கூடத்திலும் குறும்பராக விளங்கி, கலங்கல் கிராம மணியம் செய்தபோ தும் குறும்பராகத் திகழ்ந்து, இறுதியில் தனது திருமணத்தின் போதும்கூட, தீராதக் குறும்புக்காரப் பிள்ளையாகவே இருந் தார் என்பதுதான் குறிப்பிடத் தக்க சம்பவம் ஆகும்.

குறும்பே உருவாக நடமாடிய இந்த துரைசாமி, ஆண் டுகள் போகப் போக ஓயாத உழைப்பாளி ஆனார் உயர்ந்த தொழிலதிபர்களிலே ஒருவரானார் தொழிலாளர் உலகுக்கு மனிதாபிமானியாக விளங்கினார். உலகம் போற்றும் விஞ் ஞானியாகவும் உருவெடுத்துப் பற்பல சாதனைகளைச் செய்த ஜி.டி. நாயுடு ஆகவும் மாறினார் என்றால், இவரல்லவா வையத்துள் வாழ்வாங்கு வாழ்ந்த மேதை?

3. நம்பிக்கை, நாணயம், நேர்மை; 'நா', நலம்; அறம் பிறழா-நெஞ்சர்!

ஏறக்குறைய, தொன்னூறு ஆண்டுகட்கு முன்பு, மோட்டார் போல டபடபா, பட்பட் என்ற ஓசைகளோடு ஓடும் மோட்-டார் சைக்கிளை நகரங்களில் பார்க்கின்ற மக்களுக்கே வியப்பாக விளங்குவது உண்டு என்றால், கிராமத்து மக்க-ளுக்கு எப்படி இருந்திருக்கும் என்று எண்ணிப் பார்ப்பவர்-களுக்குத்தான், அந்த மோட்டார் சைக்கிளின் அருமையை-யும், அதைக் கண்டு பிடித்தவரின் பெருமையையும் நாம் உணர முடியும். இந்த மோட்டார் சைக்கிளின் ஒலியை ஒரு-நாள் துரைசாமி தனது ஊர் சாலையில் கேட்டு விட்டுப் பிர-மித்து நின்று விட்டார். அந்த மோட்டார் சைக்கிளில் வந்த-வர் ஓர் இங்கிலாந்துக்காரர்: பெயர் லங்காஷயர்!

அந்த இங்லிஷ்காரர். அப்போதைய ஆங்கிலேயர் ஆட்-சியிலே பணியாற்றியவர். நிலங்களை அளந்து வகைப்படுத்-தும் துறையில் பணிபுரிந்த அதிகாரி அவர். கோவை மாவட்-டத்தில், கலங்கல் கிராமத்தைச் சுற்றியுள்ள சில ஊர்களில் உள்ள இடங்களை அந்த மோட்டார் சைக்கிள் மூலமாகச் சென்று சுற்றிப் பார்த்து விட்டு வரும் வழியில் கலங்கல் கிராமம் மார்க்கமாக வந்தார். அந்தச் சமயத்தில்தான் துரை-சாமி அந்த மோட்டார் சைக்கிள் எழுப்பும் ஓசையையும் பட படப்பையும் முதன் முதலாக, நேரில் கண்டார்.

முதன் முதல் பார்த்த : மோட்டார் சைக்கிள்! - துரை-சாமி நடந்து வந்த பாதையில், அந்த மோட்டார் சைக்கிள் பழுதடைந்து விட்டது. லங்காஷயர் கீழே இறங்கி இஞ்சினில் என்ன பழுது என்று அவர் பார்த்துக் கொண்டிருந்தார். அப்-போது அந்த வெள்ளையருக்குக் கொஞ்சம் மண் எண்ணெ-யும், கந்தைத் துணியும் தேவைப்பட்டது. மோட்டார் சைக்-கிள் பழுதடைந்த இடம் கலங்கல் ஊராக இருந்தால், வேறு எவரும் அவற்றைக் கொடுக்க முன் வருவார்கள். ஆனால், இந்த இடம், ஊரைத் தாண்டியுள்ள தோட்டப் பகுதிகள்! எனவே, துரைசாமியிடம் அவற்றைக் கேட்டார் லங்காஷயர்!

துரைசாமி தனது தோட்ட வீட்டுக்குச் சென்று, மண் எண்ணெயையும், கந்தைத் துணியையும் எடுத்துக் கொண்டு வந்து அந்த வெள்ளையரிடம் கொடுத்தார்: சைக்கிள் இஞ்சினில் அந்த வெள்ளைக்காரர் என்ன பழுது பார்க்கிறார், எப்படிப் பார்க்கிறார் என்பதை உற்று நோக்கியவாறே, கூர்ந்து கவனித்தார். சிறிது நேரத்தில் லங்காஷயர் தனது மோட்டார் சைக்கிளைச் சரி செய்து விட்டார். அந்த வண்டியிலே அவர் ஏறி அமர்ந்து கொண்டு துரைசாமிக்கு நன்றியைக் கூறிவிட்டுக் கோவை நகர் சென்றார். கூர்ந்துக் கவனித்த, மோட்டார் சைக்கிளின் பழுது பார்த்த சம்பவம், துரைசாமி மனத்திலே ஆழமாகப் பதிந்து விட்டதால், இரவும்-பகலும் தானும் மெக்கானிக்காக ஆக வேண்டும் என்ற எண்ணத்தை அவருக்கு உந்தச் செய்தது. இதே ஊக்கம்தான், பிற்காலத்தில் துரைசாமி ஒரு பொறியியல் வல்லுநராகும் வாய்ப்பையும் வழங்கியது எனலாம்.

கலங்கல் கிராமத்தையும், தாய் மாமன் கிராமமான இலட்சுமி நாயக்கன் பாளையத்தையும், தனது தோட்ட வீட்டையும்-வயற்பரப்புகளையும் தவிர, வேறு எங்கும் சென்றதில்லை; பார்த்ததில்லை துரைசாமி.

எப்போது பார்த்தாலும் தோட்டமே கதியெனக் கிடந்து உழன்று கொண்டிருந்த துரைசாமிக்கு, லங்காஷயர் என்ற அரசு அதிகாரி மேட்டார் சைக்கிளில் வந்து போனதைக் கண்டதிலிருந்தும், அவரிடம் உரையாடிய மகிழ்ச்சியிலிருந்தும் ஒரு புதுமையான மனக் கிளர்ச்சியைத் தூண்டிவிட்டு விட்டது.

பதினாறு மைல் நடந்தே : கோவை சென்றார்! - துரைசாமி தான் பிறந்த நாளிலிருந்து அன்று வரை உந்து வண்டியையோ, பேருந்துவையோ, புகை கக்கும் ரயில் வண்டியையோ பார்த்ததில்லை, நகரம் என்றால், அது எப்படி எல்லாம் இருக்கும் என்று அவர் கனவு கூட கண்டதில்லை. அத்தகைய மனிதரான துரைசாமி யாருக்கும் தெரியாமல், கோவை நகருக்குப் புறப்பட்டு ஏறக்குறைய பதினாறு கல் தூரம் கால் நடையாகவே நடந்து சென்றார்.

கோவை நகர் சென்றதும் - அவர். பார்த்த முதல் அதிசயம் புகைவண்டி ரயில்தான். அதன் தோற்றம், ஓடும் விநோதம், சக்கரங்கள் அமைப்பு, விரைவான வேகம், அதன் ஊது குழலோசை, நிலக்கரி நெருப்பால் எரியும் சக்தி, அது கக்கும் புகை, ஓடும்போது எழும் ஒலி ஆகியவற்றை எல்லாம் அன்று நேரிடையாகவே பார்த்து திகைப்பும். ஒரு வித மன மயக்கும் கொண்டு அப்படியே அசந்து துரைசாமி மலை போல நின்று விட்டார்.

கோவை நகரிலே உள்ள அழகிய கட்டடங்கள் அமைப்புகளும் வீதிகளில் எரிந்து கொண்டிருக்கும் மின்சார விளக்குகளும், துரைசாமிக்கு ஒரு வித மனக் கிளர்ச்சியை ஊட்டின. கோவை நகர் மக்களின் கில் துணி ஆலை வேலைகளது சுறு சுறுப்புகள், நகரப் போக்கு வரத்துகளின் எழுச்சி வேகங்கள், கார்கள், பேருந்துகள், சைக்கிள்கள், மோட்டார் சைக்கிள்கள், குதிரை வண்டிகள் ஆகியனவற்றின் போக்கு வரத்துக்களின் ஓசைகள் துரைசாமி அறிவுக்கு எழுச்சியையும், புத்துணர்ச்சியையும் அவர் நெஞ்சில் புகுத்தின. இந்தக் காட்சிகளைக் கண்ட துரைசாமி, ஏதேதோ எண்ணியபடியே சாலைகளில் நடந்து கொண்டிருந்தார்.

பசி வந்தால் பத்தும் பறந்து போகும் என்பதற்கேற்ப, நடை தளர்ந்தார். எதையெதையோ சிந்தித்துக் கொண்டு வந்த எண்ணங்கள் எல்லாம் பறந்தோடி விட்டன. வயிற்றைப் பசி நெருப்பு எரிக்க ஆரம்பித்தது. கையிலோ காலனா இல்லை-பாவம் அருகே உள்ள ஒர் உணவு விடுதிக்குள் புகுந்து ஏதாவது ஒரு வேலை கொடுங்கள் என்று, வாலிபனான அவன் தனது கூச்சத்தையும் விட்டு விட்டுக் கேட்டான்.

உணவு விடுதியின் : வேலையில் சேர்ந்தார் - மாதம் மூன்று ரூபாய் சம்பளம்! என்று பேசிக் கொண்டு அந்த ஒட்டலில் வேலைக்குச் சேர்ந்ததால் துரைசாமி தனது பசியைப் போக்கிக் கொண்டார்! நல்ல உணவு கிடைத்ததால், ஏற்றுக் கொண்ட பணியை தனது முதாலளி மனம் கோணாமல் செய்து வந்தார், வேளா வேளைக்குரிய நல்ல சாப்பா-

டும், இடையிடையே போதிய ஓய்வும் கிடைத்து அதனால், கோவை நகரைச் சுற்றிவரும் வாய்ப்பும் அவருக்கு உண்டா- னது.

என்ன வியாபாரம் செய்தால் பணம் சம்பாதிக்கலாம் என்ற எண்ணம் துரைசாமிக்கு உதயமாயிற்று. காரணம், ஏற்கனவே பருத்தி வியாபாரத்தில் தந்தையுடன் ஈடுபட்ட அனுபவத்தால், வியாபாரம் செய்யலாமே என்ற எண்ணம் அவருக்கு வந்தது.

இடையிடையே அவருக்குத் தோன்றிய சில சில்லறை வியாபாரங்களைச் செய்தார். இவ்வாறு ஆண்டுகள் மூன்று உருண்டோடின. தனது செலவுகள் போக 400 ரூபாயைத் துரைசாமி சேர்த்து வைத்திருந்தார்.

இந்த நான்கு நூறு ரூபாயோடு, கலங்கல் கிராமத்தில் தான் சந்தித்த வருவாய்த் துறை அதிகாரியான லங்காஷ- யரைக் கோவையில் தேடிக் கண்டு பிடித்துவிட்டார். அப்- போது, அந்த வெள்ளைக் காரர், செட்டில் மெண்ட் அதி- காரியாகப் பணியாற்றிக் கொண்டிருந்தார்.

மோட்டார் சைக்கிளை : விலைக்கு வாங்கினார்! - ஒரு நாள் காலை, லங்காஷயர் வீட்டுக்குச் சென்ற துரைசாமி, அவரிடம் 400 ரூபாய் பணத்தைக் கொடுத்து. அவரிடம் இருந்த மோட்டார் சைக்கிளை விலைக்குக் கொடுக்கும்படி கேட்டார். அந்த வெள்ளையர் துரைசாமியின் ஆசையை- யும் - ஆர்வத்தையும் கண்டு தனது மோட்டார் சைக்கிளை அவருக்கு விலைக்குக் கொடுத்து விட்டார்.

மோட்டார் சைக்கிளைப் பெற்றுக் கொண்டு வந்த துரை- சாமி, தான் தங்கியிருந்த வீட்டின் முன் புறத்தில் உள்ள தனது வாடகை அறையில், அந்த வண்டியைப் பாகம் பாக- மாகப் பிரித்தார். மறுபடியும் அவற்றை அந்தந்த இடத்- திலேயே கவனமாகப் பூட்டினார். குறும்புகளைச் செய்து கொண்டே பழக்கப்பட்டுப் போன துரைசாமி, இப்போது ஒரு மோட்டார் சைக்கிளைக் கழற்றிப் பழுது பார்த்து, மீண்டும் அதைப் பூட்டி ஓட்டுமளவுக்கு பொறியியல் மெக்கானிக்காக மாறி விட்டார். இதுதானே அறிவின் நுட்பம்?

மெக்கானிக்காக வளர்ந்த துரைசாமி, அந்தத் துறையிலே மனம் கோடாமல் தொடர்ந்து ஈடுபட்டிருந்தால் பெரும் மெக்-கானிக் நிறுவனத்தின் உரிமையாளராக ஆகி இருக்கலாம். ஏனென்றால், மெக்கானிசத்தைத்தான் அவர் தெரிந்து கொண்டாரே! பழக்கப்பட்ட தொழிலாகவும் அவருக்கு இருந்த ஒரு தொழில்லலவா அது?

பஞ்சு வாணிகம் : பணம் நட்டம்! - அதை விட்டு விட்டு, நண்பர்கள் சிலரிடம் சில நூறு ரூபாய்களைக் கடனாகப் பெற்றுக் கொண்டு, ஏற்கனவே தனக்குப் பழக்கப் பட்டத் தொழிலான பஞ்சு வணிகத் தொழிலில் ஈடுபட்டு விட்டார்.

அந்த பஞ்சு வியாபாரத்துக்குப் பணமுதலீடு அதிகம் தேவை. அந்தத் தொகை துரைசாமியிடம் இல்லை. அதனால், சில மாதங்கள்தான் அந்த வியாபாரத்தில் அவரால் தாக்குப் பிடிக்க முடிந்தது. மேற்கொண்டே பணத் தேவையை அவரால் திரட்ட முடியவில்லை; உதவி செய்-வாரோ யாருமில்லை. துன்பங்ளையும், பண சச்சரவுக-ளையும் சமாளிக்க முடியாத துரைசாமி, வியாபாரத்திலே பெருத்த நட்டம் வந்ததால் கையிலே இருந்த பணத்தையும் இழந்து, வாணிகத்தையும் நிறுத்தி விட்டார்.

ஒரு தொழிலில் நட்டம் வந்தால் கூடப் பரவாயில்லை. ஆனால், அனுபவம் தானே பணம்; முதலீடு, அதை மட்-டுமே அவர் பெற்றதால், நட்டத்திற்காக வருத்தப் படாமல், தோல்வியே வெற்றிக்குரிய அறிகுறி என்பதை உணர்ந்து கொண்டார் துரைசாமி.

பஞ்சு வியாபாரம் நட்டமானதும், கோவைக்கு அருகே உள்ள சிங்காநல்லூர் என்ற இடத்தில் பருத்தியிலே இருந்து விதைகளைப் பிரித்தெடுக்கும் ஆலைகள் இருப்பதைக் கேள்விப்பட்டு அங்கே வந்தார் துரைசாமி.

அந்த ஆலை ஒன்றில், மாதம் பன்னிரெண்டு ரூபாய் சம்பளத்திற்கு துரைசாமி வேலைக்குச் சேர்ந்தார். அந்த முதலாளியின் நிருவாகம், கண்டிப்பு வேலை வாங்கும் ஒழுங்கு ஆகியவை அவருக்கு மன நிறைவை மட்டுமன்று,

எதிர் காலத்தில் இவற்றை நாம் ஒழுங்காகப் பின்பற்றி நடந்-
தால் நல்ல நிருவாகம் செய்யும் திறமையைப் பெற முடியும்
என்று துரைசாமி நம்பினார்.

பஞ்சு ஆலையில் வேலை! 12 ரூபாய் சம்பளம்! -
துரைசாமியின் கடமை உணர்வுகள், எஜமான விசுவாசம்,
வேலைத் திறமை, ஆகியவற்றை நன்கு புரிந்து கொண்ட
அந்த ஆலை முதலாளி, அவரைப் பஞ்சை நிறுத்து எடை
போடும் பிரிவில் வேலை செய்பவர்கட்கு தலைமைப்
பொறுப்பாளராக நியமித்தார்.

இதில் குறிப்பிடத் தக்க சிறப்பு என்ன தெரியுமா? காய்ந்த
மாடு கம்பங் கொல்லையில் புகுந்து கன்னா பின்னா என்று
மென்று பயிரை நாசமாக்கும் நிலைபோலல்லாமல், துரை-
சாமி வேலையில் சேரும் போதே தனது முதலாளியிடம்,
'ஐயா, நான் இரண்டாண்டு காலம்தான் வேலை பார்ப்பேன்.
அதற்கு மேல் பணியாற்ற மாட்டேன். என்ன சம்மதமா
ஐயா!' என்ற ஒப்புதலைக் கேட்டுப் பெற்ற பிறகே அவர்
அந்த ஆலையில் பணிக்கமர்ந்தார்.

தந்தையும் - மகனும் : சந்தித்தாங்கள்: இவ்வாறு துரை-
சாமி பணியாற்றிக் கொண்டிருக்கும்போது, துரைசாமியின்
தந்தையார் தனது தோட்டத்தில் விளையும் பருத்தியிலே
இருந்து கொட்டையை நீக்கிட அதே ஆலைக்கு வந்தார்.
காரணம், கோபால்சாமி நாயுடு அடிக்கடி அந்த ஆலைக்கு
வந்து போவதும் வழக்கமாகும்.

ஆலையில் பஞ்சு எடை போட்டு நிறுக்கும் தலைமை
எடையாளர், யார் எடை போட வந்தாலும் அவர்களது
பருத்தி எடையில் பாரத்துக்கு ஐந்து ராத்தல் குறைத்துப்
போட வேண்டும்.

இந்த விதி சிங்காநல்லூரில் உள்ள எல்லா ஆலைகளி-
லும் பொதுவாகக் கடைப்பிடிக்கப்பட்டே வந்தது. இந்த எடை
போடும் வேலையிலும், கலக்கிலும் துரைசாமி மிகத் திறமை-
யாகவும், நாணயத்தோடும் நடந்து வந்த தொழில் ஒழுக்கம்;
அவரது முதலாளிக்கு மிகவும் பிடித்திருந்ததால், துரைசாமி
அங்கு எல்லோராலும் நன்கு மதிக்கப்பட்டார் என்பது குறிப்-

பிடத் தக்க சம்பவமாகும்.

கோபால்சாமி நாயுடு, அதாவது துரைசாமியின் தந்தை; ஒரு நாள் பருத்திப் பொதிகளை அந்த ஆலையிலே கொட்டை நீக்கி எடைபோட வந்தார். தனது மகன் அங்கே தலைமை எடையாளராகப் பணியாற்றுவதைக் கண்டு அவர் மிக்க மகிழ்ச்சி அடைந்தார்.

பருத்தியை எடை போட்டபோது, தந்தை கோபால்சாமி நாயுடு தனது மகன் துரைசாமியைப் பார்த்து, "எனக்கும் அதே விதிதானா? முதலாளியிடம் சொல்லக் கூடாதா?" என்றார்.

துரைசாமி தனது தந்தையைப் பார்த்து. 'உங்களுக்கு... அதே விதியன்று: பாரத்துக்குப் பத்து ராத்தல் குறைக்கப்படும்' என்று கண்டிப்பாகக் கூறிவிட்டார்.

உடனே கோடால்சாமி முதலாளியிடம் சென்று,'நடந்ததைக் கூறினார். அதற்கு அந்த எசமான், துரைசாமி சொன்னால் சொன்னதுதான்! அதுவும உங்களுடைய விவகாரத்தில் உங்களுடைய மகன் சொன்னதும் சரிதான்' என்றார்.

மகன் செய்த செயல் நேர்மையானதுதான்; அவனைக் கேட்டது தவறு. அதனால்தான் தகப்பன் என்ற உறவுக்காக பத்து ராத்தல் குறைத்து எடை போட்டிருக்கிறான் என்று எண்ணி, மகனது நேர்மையைப் பாராட்டி மகிழ்ந்தார்.

வேலையில் சேரும்போது துரைசாமி தனது முதலாளியிடம் ஓர் ஒப்பந்தம் செய்திருந்தார் அல்லவா? அந்தக்கெடு வந்துவிட்டது.

ஒரு நாள் இரவு, சிங்காநல்லூர் முக்கிய சாலை ஒன்றில் முதலாளி தனது நண்பருடன் பேசிக் கொண்டிருந்தபோது, துரைசாமி தனது ஏசமாரிடம் சென்று: தான் பணி செய்யும் ஆலைப் பிரிவின் திறவுகோலைக் கொடுத்து. "ஐயா, இன்றுடன் நமது இரண்டாண்டுக் கால வேலை ஒப்பந்தம் முடிந்துவிட்டது. இனி, தங்களது ஆலையில் பணி புரியமாட்டேன். தயவு செய்து எனக்கு விடுதலை கொடுங்கள்" என்று துரைசாமி கேட்டார். நண்பரிடம் பேச்சை முடிக்காமல்

முதலாளி இருந்தபோது, துரைசாமி கூறிய வார்த்தையைக் கேட்டுத் திகைத்தார்! ஆனால், துரைசாமி எதுவும் எசமான-ரிடம் அதற்கு மேல் சொல்லாமல் விர்ரென்று சென்று விட்-டார்.

சிங்கா நல்லூர் பருத்தி ஆலையில் துரைசாமி பெற்ற அனுபவத்தைக் கொண்டு திருப்பூர் நகரில் சொந்த பருத்தி ஆலை நடத்துவது என்ற முடிவுக்கு துரைசாமி வந்தார். ஆலை என்றால் அதற்கான இடம், பணம் வேண்டுமல்-லவா?

மூடநம்பிக்கையைத் : தகர்த்த வாலிபர்! - தனது நண்பர்-களிடம் தேவையான பணம் பதினேழு ஆயிரம் ரூபாயைத் துரைசாமி கடனாகப் பெற்றார். ஆலை அமைக்க இடம் எங்கே கிடைக்கும் என்று தேடினார். கிறித்துவப் பாதிரியா-ருக்குச் சொந்தமான ஓர் இடம் விலைக்கு வந்தது. அக் காலக் கிறித்தவர்களிடம் ஒரு பாவம் குடி கொண்டிருந்-தது. என்ன அது தெரியுமா? கிறித்தவப் பாதிரிமார்களுக்-குச் சொந்தமான இடத்தை விலைக்கு வாங்க மாட்டார்கள். அதில் வீடு கட்டி இந்துக்கள் குடியேறவும் மாட்டார்கள். அதாவது, அது பாவச் செயல் என்று மக்களால் எண்ணப்-பட்டதே அதற்குக் காரணமாகும்.

ஆனால், துரைசாமி இது மாதிரியான மூட நம்பிக்கைக் கொள்கைகளை எல்லாம் தூக்கி எறிபவர். அதனால், அந்-தக் கிறித்துவப் பாதிரியின் இடத்தை விலைக்கு வாங்கினார். நகராண்மைக் கழகத்தின் அனுமதி இல்லாமலேயே ஆலைக்குரிய கட்டடத்தைக் கட்டினார்.

நகராட்சி அதிகாரிகள் துரைசாமி மீது வழக்குத் தொடுத்-தார்கள். கட்டடம் முடியும் வரை அவர் அதிகாரிகளுக்குத் தெரிந்தும் - தெரியாமலும் காலம் கடத்தி வந்தார். கட்டட-மும் முடிந்தது. அதே நேரத்தில் நகராட்சியிடம் அனுமதியும் பெற்றுவிட்டார். பருத்தி ஆலையும் நடக்கத் தொடங்கியது. இவையெல்லாம், துரைசாமியின் முன்கூட்டியே திட்டமிடப்-பட்ட தொழில் வியூகமாக விளங்கியது. முதல் உலகப் போர் அப்போது துவங்கப்பட்டு நடந்து கொண்டிருந்த நேரமாத-

லால், பருத்தித் துணிகளுக்கு நல்ல விலையும், கிராக்கி-யும் இருந்தது. போர்க் காரணத்தால் பஞ்சாலைத் தொழில் வளமாக வளர்ந்து வந்தது!

1919-ஆம் ஆண்டில் உலக முதல் போர் முடிந்து விட்-டது. இதனால், துரைசாமி ஆரம்பித்த பஞ்சாலையும் நிறைய லாபம் கொடுத்தது. 1919-ஆம் ஆண்டில் மட்டும் அவருக்கு ஒன்றரை லட்சம் ரூபாய் லாபம் வந்துள்ளது.

கோவை பஞ்சாலை வேகமாகவும், விறுவிறுப்பாகவும் நடை பெற்று வந்ததாலும், லாபம் அதிகமாகக் கிடைத்ததா-லும், பணச் செல்வாக்கும், அதனால் அவருக்குரிய சொல் வாக்கும் நாளும் வளர்பிறைபோல வளர்ந்து வந்தக் கார-ணத்தால், துரை சாமி கோவை மாவட்டத்துப் பணக்காரர்க-ளிலே ஒருவராகத் திகழ்ந்தார்.

கோவை நகரின் : தொழிலதிபர் ஆனார்: - இந்திய தேசியக் காங்கிரஸ் பேரியக்கக் கூட்டங்களோ, மாநாடு-களோ, ஆண்டு தோறும் எங்கு நடைபெற்றாலும், வருகின்ற சிறப்பு அழைப்பை அவமதிக்காமல் அங்கே பார்வையாள-ராகச் சென்று அவர் கலந்து கொள்வார்!

எடுத்த எடுப்பிலேயே ஒரு வியாபாரத்தில் துரைசாமிக்கு ஒன்னரை லட்சம் ரூபாய் லாபமாக வந்த பின்பு, அந்த ரூபாயை வைத்துக் கொண்டு என்ன செய்வது என்று அலைமோதிய சிந்தனையாளரானார் அவர். எனவே, ஏதா-வது வியாபாரம் செய்யலாமே என்ற நோக்கில் பம்பாய் மாந-கர் சென்றார் துரைசாமி!

அன்றைய பம்பாய் எனப்படும் இன்றைய மும்பை மாந-கர்க்குச் சென்ற துரைசாமி, பஞ்சு வியாபாரம் நடத்திப் பொருள் திரட்ட ஓடியாடி அலைந்தார். இவ்வாறாக, தேவையான செலவுகளுக்கும், உணவு, உடை, உறையுள் ஆகியவற்றுக்கும், அவர் கையிலே இருந்த ஒன்னரை லட்-சம் ரூபாயும் செலவாகிவிட்டது! இரண்டாவது தடவையாக துரைசாமி நடத்திய பஞ்சு வாணிகத்திலும் அவர் வெற்றி பெற முடியாமல் போயிற்று. என்ன செய்வது?

வாணிகம் தோல்வி! ஒன்றரை லட்சம் நட்டம்! - யார் எங்கே நடந்தாலும் அவரவர் நிழல் அவர்களைப் பின் தொடர்ந்து வருவதைப்போல, முதலாளியாக துரைசாமி மும்பை சென்றவர், மறுபடியும் தமிழ் நாட்டுக்குத் திரும்பும்போது, பழைய துரைசாமியாகவே வந்து சேர்ந்தார்!

திருப்பூரில் துரைசாமி துவங்கிய பஞ்சு ஆலையை, அதன் வாணிகம் விழுங்கி ஏப்பம் விட்டு விட்டது. அதனாலும், அவருக்கு எவ்விதப் பயனும், பலனும் இல்லாமல் போய் விட்டது. என்ன செய்யலாம் என்ற எதிர்காலச் சிந்தனையில் துரைசாமி மூழ்கினார்.

4. பெருந்து தொழிலில் கூட்டுறவு! U.M.S. நிறுவி வெற்றி கண்டார்!

ஒன்னரை இலட்சம் ரூபாயோடு மும்பை நகர் சென்ற துரைசாமி, ஒன்னரை ஆண்டு கழித்து வெறும் கையோடு மீண்டும் கோவை நகரை வந்தடைந்தார். என்ன காரணம் இதற்கு?

விட்டதடி ஆசை! விளாம்பழம் ஓட்டோடே! - ஏதாவது சொந்தமாக - எந்தத் தொழிலாவது செய்யலாம் என்ற எண்ணத்தோடு துரைசாமி பம்பாய் நகர் சென்றார். எந்தத் தொழிலையும் செய்ய முடியாமல்; எடுத்துக் கொண்டு சென்ற அவரளவிலான பெரும் தொகையைச் செலவு செய்துவிட்டு, ‘போன மச்சான் திரும்பி வந்தான் பூ மணத்தோடே’ என்ற நிலையில் கோவை திரும்பினார். வந்த மச்சானுக்குப் பூ மணமாவது மிஞ்சியது. பாவம், துரைசாமிக்கு வெறும் கைகள்தான் மிஞ்சின!

எனவே, இனிமேல் எந்த ஒரு சொந்தத் தொழிலையும் செய்யக் கூடாது என்ற எண்ணத்தில், விட்டதடி ஆசை விளாம் பழத்து ஓட்டோடே என்ற அனுபவ மொழிக்கேற்ப நடந்து கொண்டார் துரைசாமி!

‘சட்டி சுட்டதடா கை விட்டதடா’ என்பதற்கு ஏற்றவாறு - ஏதாவது ஒரு வேலைக்குச் செல்ல வேண்டும், வாங்கும் சம்-

பளத்தோடு நிற்க வேண்டும் என்று எண்ணமிட்டார் அவர்.

கோவை நகரில் அப்போது, சர் இராபர்ட் ஸ்டேன்ஸ் என்ற ஓர் இங்லிஷ்காரர் மோட்டார் வண்டி வியாபாரம் செய்து கொண்டிருந்தார். துரைசாமி எத்தகையர் என்பதை அவர் அறிந்தவர். அதனால் அவரிடம் சென்று, தங்களது மோட்டார் நிறுவனத்தில் எனக்கு ஓர் இயந்திரம் சார்பான மெக்கானிக் வேலையைத் தந்து உதவுமாறு அவரிடம் கேட்-டுக் கொண்டார் துரைசாமி.

ஒரே ஒரு பேருந்து : வாங்கி ஓட்டினார்: - அவர் மீது இரக்கப்பட்ட ஸ்டேன்ஸ், "முதலில் நீ பஞ்சு வியாபாரத்தை விட்டு விடு. என்னிடத்தில் எந்த வேலையும் உனக்குத் தரக் கூடிய தகுதியில் இல்லை. உன்னுடைய திறமை, முயற்சி, எதையும் மீண்டும் வீணடிக்காதே! உனக்கு நான் கூறும் யோசனையைக் கேள். ஒரு பேருந்து வாங்கி அதை வாட-கைக்கு ஒட்டு. அதற்கு எட்டாயிரம் ரூபாய் தேவைப்படும். நான் உனக்கு நான்காயிரம் தருகிறேன். மீதியுள்ள நான்-காயிரம் ரூபாயை உனது நண்பர்களிடமோ, வேறு யாரி-டமோ பெற்று, பேருந்து ஒன்றை வாங்கி ஓட்டு" என்றார் ஸ்டேன்ஸ்!

ஆங்கிலேயரான ஸ்டேன்ஸ் கூறிய அறிவுரையை துரை-சாமி ஏற்றுக் கொண்டு; அவர் அளித்த வாக்குக்கு ஏற்ற-வாறு நான்காயிரம் ரூபாயைப் பெற்றுக் கொண்டார். நமது நண்பர்கள் சிலரைச் சந்தித்து ரூபாய் நான்காயிரத்தையும் திரட்டினார். பேருந்து ஒன்றை விலைக்கு வாங்கினார்.

சொந்தத் தொழில் : செய்வோர்க்கு அறிவுரை! - கோவையில் அப்போது புகழ்பெற்று விளங்கியவரும், தேவக் கோட்டை நகரைச் சேர்ந்தவருமான திரு. பி.எஸ்.சோமசுந்-தரம் செட்டியார், துரைசாமியை அழைத்து, "தம்பி, எந்தத் தொழிலை நீ செய்தாலும் வரும் வருவாய்ப் பணத்தில் பாதிப் பகுதியை முதலுக்கு என்று எடுத்து வைத்துவிடு, மீதியை அந்த முதலின் பாதுகாப்புக்காகக் கையில் வைத்துக் கொள். அது உனக்கு நல்லது" என்ற அறிவுரையைக் கூறினார்.

அந்த அறிவுரையைத் துரைசாமியும் பின்பற்றினார்.

துரைசாமி விலைக்கு வாங்கிய அந்தப் பேருந்து, 1920-ஆம் ஆண்டில் பொள்ளாச்சி என்ற நகரிலே இருந்து; தமிழ்த் தெய்வமாக மக்கள் போற்றி வணங்கும் முருகப் பெருமான் தெய்வத் தலமான பழநி நகருக்கு ஓட ஆரம்பித்தது. துரைசாமியே அதற்கு ஒட்டுநராகவும் இருந்தார்.

முதலாளியும் துரைசாமியே, தொழிலாளியும் அவரே என்ற நிலையிலே அந்தப் பேருந்து பணியாற்றியதால், மக்கள் இடையே நாளுக்கு நாள் செல்வாக்குப் பெற்று, வருவாயும் பெருகி, செலவினமும் சுருங்கியதால் துரைசாமியிடம் செல்வம் பெருகியது.

ஒரு முறைக்கு இரு முறை பஞ்சு வியாபாரத்தில் துரைசாமி பெருத்த நட்டமடைந்த சம்பவமே அவருக்குரிய பாடமாகவும், எச்சரிக்கையாகவும் அமைந்ததால், தான் பெற்றக் கடன்களையும் திருப்பிக் கொடுத்தார். செல்வமும் அவரிடம் முன்பு போல குவிந்தது.

அமெரிக்காவில் எப்படி ரூத்தர் போர்டு, மோட்டார் மன்னன் என்று புகழ் பெற்றாரோ, அதைப் போலவே இந்தியாவிலும் புகழ்பெற்ற ஒரு மோட்டார் மன்னனாகவே துரைசாமி திகழ்ந்து வங்கார்.

பேருந்து துறையில் : நாயுடு செய்த புரட்சி! - மோட்டார் மன்னராக மட்டுமா விளங்கினார்? பேருந்துகள் பயணம் செய்யும் சாலைகள் விவரங்களையும், அதைப் பற்றிய துணுக்கங்களையும் நன்றாக அவர் அறிந்தார். பேருந்து ஒட்டுநராக இருந்த துரைசாமி, மோட்டார் தொழில் சம்பந்தப்பட்ட பொறியியல் திறமையாளராகவும் விளங்கி வந்தார்.

ஒரே ஒரு பேருந்துக்கு முதலாளியாக இருந்த துரைசாமி நாயுடு, கோவை மாவட்டத்தைச் சேர்ந்த கிராமங்களில் எல்லாம் தனது பேருந்துகள் ஓடுமளவுக்கு அதிகப்படியான பேருந்துகளை விலைக்கு வாங்கியும், மோட்டார் தொழிற்சாலையை உருவாக்கி, பேருந்துகளை உற்பத்திச் செய்யுமளவுக்கும் உயர்ந்தார்.

கோவை மாவட்டம் முழுவதுமல்லாமல், நீலகிரி மாவட்டம், மதுரை மாவட்டம், திருவாங்கூர் - கொச்சி - சமஸ்தானங்களின் முக்கிய மாவட்ட நகரங்களையும் இணைக்குமளவுக்கு அவரது பேருந்துகள் ஏராளமாக, அடிக்கடி குறித்த நேரத்தில் ஓடிக் கொண்டே இருப்பதைப் பார்க்கலாம்.

யுனைடெட் மோட்டார் சர்விஸ் என்ற ஒரு நிருவாகம் யு.எம்.எஸ். என்ற பெயரில் கோவை நகரில் உருவானது. அதன் நேரடி நிர்வாகம் துரைசாமி நாயுடு மேற்பார்வையிலே இயங்கியது. இந்த நிருவாகத்தில் மட்டும் இருநூறு பேருந்துகள் இருக்கின்றன.

அந்த இரு நூறு பேருந்துகள், ஏறக்குறைய பல சாலைகளில் 15 ஆயிரம் மைலுக்கு மேல் தினந்தோறும் ஓடிக் கொண்டிருக் கின்றன. அதனால், நாள்தோறும் 10 ஆயிரம் பயணிகள் அந்தப் பேருந்துகளிலே பயணம் செய்து வருகிறார்கள். இவ்வளவு பெரிய மோட்டார் நிருவாகத்தில் எவ்வளவு தொழிலாளர்கள் வேலை செய்கிறார்கள் தெரியுமா? ஏறக்குறைய ஓராயிரத்துக்கு மேற்பட்ட பணியாளர்கள் அந்த நிருவாகத்தில் வேலை செய்கிறார்கள்.

பஞ்சு ஆலையில் எடை நிறுத்தலின் தலைமைத் தொழிலாளியாகவும், உணவு விடுதியில் வேலை கிடைக்குமா என்று வேலை கேட்டு, மாதம் பன்னிரண்டு ரூபாய் சம்பளத்துக்கு வேலை செய்த ஓர் உணவு விடுதி ஊழியராக இருந்தவரிடமும், ஆயிரத்துக்கும் மேலாகத் தொழிலாளர் ஊழியம் செய்கிறார்கள் என்றால், இது என்ன சாமான்யமான உழைப்பிலே உருவான பலனா? எவ்வளவு உழைப்பை மூலதனமாக்கி இருப்பார் துரைசாமி நாயுடு என்று எண்ணிப் பார்ப்பவர்களுக்குத்தான், அவரது அருமையையும் பெருமையையும் உணர முடியும்!

U.M.S. நிறுவனம் : உருவானது எப்படி? - ஆயிரம் தொழிலாளிகள் வேலை செய்யும் ஒரு நிறுவனத்தை உருவாக்கி விட்டால் மட்டும் போதுமா! அந்த நிருவாக அமைப்பு முழுவதையும் தற்கால வசதிகளோடு உருவாக்கினார்! தற்கால வசதி என்றால், அமெரிக்கத் தொழில் நிறு-

வனம் ஒன்று தற்கால வசதிக் கேற்றவாறு எப்படிப்பட்ட முறையில் அமைந்திருக்கின்றதோ, அப்படிப்பட்ட முறையிலே அதை அமைத்தார் துரைசாமி நாயுடு.

அந்த மோட்டாா நிருவாகத்தைத் துறை வாரியாக, எவ்வாறெல்லாம் பிரித்துத் தனித் தனியாக இயங்கினால் நிருவாகத்துக்கு வசதியாக இருக்குமோ அதற்கேற்றவாறு பல பிரிவுகளாகப் பிரித்து இயக்கினார் துரைசாமி. இவ்வாறு அவர் இயக்கியதால் தொழிலாளர்களுக்கு வேலை செய்யும் முறை சுலபமாக அமைந்தது எனலாம்.

இதற்கு முன்பு, யு.எம்.எஸ். என்ற யுனைடெட் மோட்டார் சர்வீஸ் என்று குறிப்பிட்டிருந்தோம் அல்லவா? அந்த மோட்டார் நிறுவனம் எவ்வாறு உருவானது என்பதையும் பார்ப்போம்.

கோவையில் நடைபெற்ற மோட்டார் தொழில் முதலாளிகளுக்குள் 1933-ஆம் ஆண்டில் பெரும் போட்டி நிருவாகம் ஏற்பட்டது. பெரிய முதலாளிகளுக்கு இதனால் எந்தவித நட்டமும் உண்டாக வில்லை. ஆனால், ஒன்றிரண்டு பேருந்துகள் வைத்துத் தொழில் நடத்தும் சிறு முதலாளிகள் பெரிதும் பாதிக்கப்பட்டு அவதியடைந்தார்கள். அதனால், அவர்களது மோட்டார் தொழில் பலவீனமாகி நலிந்து கொண்டிருந்தது.

சிறு சிறு பேருந்து முதலாளிகள் நலிவதையும், தொழிலில் நட்டமடைவதையும் கண்ட ஜி.டி.நாயுடு அவர்கள், அந்த சிறு முதலாளிகளின் துயர்களைத் துடைக்க என்ன செய்யலாம் என்று சிந்தித்தார். திடீரென, மோட்டார் தொழில் முதலாளிகள் மாநாடு என்ற ஒரு மாநாட்டை நடத்துவதற்கு வேண்டிய வேலைகளைச் செய்து, அந்த முதலாளிகளுக்கு ஓர் அழைப்பை விடுத்து, எல்லாரையும் கலந்து கொள்ளச் செய்தார்.

திரு. ஜி.டி. நாயுடு அவர்களது அழைப்பை ஏற்று எல்லா சிறு சிறு பேருந்து முதலாளிகளும் அந்த மாநாட்டில் கலந்து கொண்டார்கள். அந்த மாநாட்டிற்கு வந்த சிறு முதலாளிகள் நிறுவனங்களை எல்லாம் ஒன்று சேர்த்து, யு.எம்.எஸ். என்ற

ஓர் ஐக்கிய மோட்டார் தொழில் நிறுவனத்தை ஜி.டி. நாயுடு உருவாக்கினார்.

அந்த யு.எம்.எஸ். என்ற ஐக்கிய கூட்டுறவு மோட்டார் நிறுவனத்தில்; அந்தந்த சிறுசிறு முதலாளிகளின் முதலீட்டு விகிதப்படி, வரும் தொழில் லாபத்தை அவரவர் விகிதப்படி பிரித்துக் கொடுக்கும் தீர்மானத்தை நிறைவேற்றி, அதற்கேற்ப அந்த முதலாளிகள் நசிந்து போகாமல்; அவரவர் லாபங்க–ளைப் பணமாகக் கொடுக்கவும் வழி செய்தார்.

மோட்டார் தொழிலில் தேவையற்றப் போட்டி நிகழாமல் தடுத்தார்; அதே நேரத்தில் சிறு முதலாளிகள் அழிந்து போகாதவாறு, தெளிவான முறையில், எல்லா முதலாளிக–ளுக்கும் மன நிறைவு உண்டாகுமாறு ஒரு கூட்டுறவு மோட்–டார் தொழில் அமைப்பை உருவாக்கி, நாட்டுக்கு நல்ல ஒரு வழியைக் கூட்டுறவு முறையில் முதன் முதலாக ஏற்படுத்தி, ஜி.டி. நாயுடு ஒரு வழிகாட்டியாகவும் திகழ்ந்தார்.

கூட்டுறவு முறையில் : மோட்டார் தொழில்! – "யு.எம்.எஸ். போக்குவரத்து நிறுவனம், ஆற்றி வரும் நன்–மைகள், வசதிகள் மக்களுக்கு மிகச் சிறப்பாக அமைந்–துள்ளன. அதற்குக் காரணம், அந்த நிறுவனத்தின் தலை–வராகப் பொறுப்பேற்றிருக்கும் தலைவர், ஆர்வமிக்க ஓர் அறிஞர் மட்டுமன்று, நிருவாகத் திறமை மிக்கவராகவும் இருக்கின்றார்.

அதன் அடையாளமாக அவர், மக்கள் உட்காருவதற்–குரிய இருக்கைகளும் பணியாட்கள் பயணிகளிடம் நடந்து கொள்ளும் அன்பு முறைகளும், தங்குவதற்கான இட ஏற்–பாடுகளும், அதற்குரிய சகல வசதிகளும், செய்யப்பட்டிருப்–பதை என்போன்றார் நேரில் பார்த்து வியப்படைந்தது தான் என்றால் மிகையாகா" என்று, 'சாலை – புகை வண்டி போக்குவரத்து' என்ற நூலில் அதன் ஆசிரியர் திரு. பத்திரி ராவ் பாராட்டியிருப்பதே அதற்குப் போதிய சான்றாகும்.

அந்த வகையில் யு.எம்.எஸ். நிறுவனத்தின் சேவை–களை, சமுதாயப் பொருளாதார நலன்களுக்குப் பயன்தரக்

கூடிய முறையில் அவ்வப்போது கண்காணித்துக் குறைகளைப் போக்கி, ஜி.டி. நாயுடு, நிறைவுகளைச் செய்துள்ளார் என்று அந்த ஆசிரியர் மேலும் அதைப் புகழ்ந்து குறிப்பிட்டுள்ளார்.

பேருந்துக்கு வரும் பயணிகளிடமும், அவர்கள் தங்குமிடங்களில் அமர்ந்திருக்கும் போதும், வண்டிகளில் பயணம் செல்கின்ற போதும்; அவர்களிடம் மிகுந்த மரியாதையுடனும், அன்பாகவும் நடந்து கொள்ள வேண்டும் என்று தனது ஊழியர்களுக்கு திரு. நாயுடு கட்டளையிட்டிருப்பது போற்றுதலுக்குரிய நிருவாக முறைகளாக இருந்தன.

அதனால், பயணிகள் நாளுக்கு நாள் யு.எம்.எஸ். நிறுவனத்தின் பேருந்துகளிலே பயணம் செய்வதையே பெரிதும் விரும்பினார்கள் என்பது குறிப்பிடத் தக்க சம்பவமாகும். அப்படி எவராவது பயணிகளிடம் தவறாக நடந்து கொண்டாலும் சரி, பணியாட்கள் அதைப் பொருட்படுத்தாமல் பொறுப்போடும், பணிவோடும் நடந்து கொள்ள வேண்டியது பணியாளர் கடமை என்று சுற்றறிக்கையையும் விடுத்துள்ளார் நாயுடு அவர்கள்.

தமது சுற்றறிக்கையின்படி பணியாட்கள் நடந்து கொள்ளுகின்றனரா என்பதை நாயுடு மேற்பார்வையிடுவார். மாறு வேடங்களில் அவரே அடிக்கடி பேருந்துகளில் செல்வதுடன், எந்த ஒரு பணியாளராவது தனது அறிக்கையை மீறிப் பயணிகளிடம் நடந்து கொள்வதை அவர் நேரிடையாகக் கண்டுவிட்டால், உடனே அந்தப் பணியாளரை வேலையை விட்டு நீக்கிவிடும் அளவுக்கு அவரது கண்காணிப்பு முறை இருந்து வந்தது.

மாறுவேடத்தில் சென்று ஊழியர்களிடம் சோதனை! - ஒரு முறை திரு.நாயுடு தனக்குத் தெரிந்த ஒருவரை அழைத்து, பேருந்து நடத்துனரைக் கன்னத்தில் அறையுமாறு கூறினார். அந்த ஆளும் நடத்துனரை ஓங்கி ஓர் அறை கொடுத்தார். அந்த நடத்துனர் சண்டையோ சச்சரவோ போடாமல், எந்த விதக் கேள்விகளையும் எழுப்பாமல், பேருந்துப் பயணிகள் எதிரிலேயே தனது நிறுவன விதிக-

ளுக்கு ஏற்றவாறு மிகப் பணிவாக நடந்து கொண்டதை மாறு வேடத்தில் இருந்த ஜி.டி.நாயுடு பார்த்தார்.

இந்தக் காட்சியைக் கண்ட நாயுடு மறுநாள் அவரை அழைத்துப் பாராட்டி, ஊதிய உயர்வையும் வழங்கினார். இந்தச் செய்தி மற்ற நிறுவனர்களிடமும் பரவியது. அதைக் கண்ட ஊழியர்கள்: நிறுவன சுற்றறிக்கையை மிகுந்த பணி-வுடனும், பய பக்தியுடனும் பின்பற்றலானார்கள். அந்த நிறு-வனப் பணியாளர்களது ஒழுங்கு முறைகளால் U.M.S. நிறு-வனம் மக்களிடம் மேலும் மரியாதையும், மதிப்பும் பெற்று வளர்ந்து முன்னேறியது.

இவ்வாறு ஜி.டி. நாயுடு நடந்து கொண்டதுமட்டுமல்லா-மல், திறமையான பணியாளர்களை அழைத்து நேரிடையா-கப் பாராட்டுவதுடன், நிறுவன சட்ட திட்டங்களை அவர்-கள் பின்பற்றிப் போற்றும் மன உணர்வை மதித்து, அவர்கள் குறைகளைப் போக்கியதோடு, மன நிறைவோடு பணியாற்ற-வும் வழி வகைகளைச் செய்து ஊக்கப்படுத்தினார்.

ஒரு வாலிபன் திரு. ஜி.டி.நாயுடுவை நேராகச் சந்தித்து, மிகுந்த பணிவுடன், 'ஐயா, எனக்கு வேலை இல்லை; ஏதா-வது ஒரு வேலை கொடுக்க வேண்டும் என்று கேட்டார். அப்போது நாயுடுவுக்கு வந்த யோசனை என்ன தெரியுமா?

சிற்றுண்டி விடுதியில் ஒரு முறை நாயுடு சென்று ஏதா-வது வேலை கொடுங்கள் என்று கேட்டதும், அதற்கு அந்த முதலாளி மாதம் பன்னிரண்டு ரூபாய் சம்பளம் கொடுத்த சம்பவமும், அதைப் பெற்றுக் கொண்டு அந்த விடுதியி-லேயே இரவும் – பகலுமாக தங்கியிருந்த தனது பழைய நிலையும் அவருக்குத் தோன்றியது. அந்தக் காட்சியை அவர் நினைத்துப் பார்த்தார்.

உடனே அந்த வாலிபனை, உனக்கு என்ன வேலை தெரியும் தம்பி' என்று கேட்க, அதற்கு அவன், "தாங்கள் சொல்லும் எந்த வேலையையும் செய்யத் தயார் ஐயா" என்று மறுமொழி கூற, அவன் நிலையைக் கண்ட நாயுடு, ஒரு வேலையைக் கொடுத்தார். என்ன வேலை அது என்று

கேட்கிறீர்களா?

இரக்கத்தோடு உதவும் : மனமுள்ளவர்! - தினந்தோறும் அந்த வாலிபன் காலை ஏழு மணிக்கு பணிக்கு வரவேண்-டும். ஏதாவது ஒரு பேருந்தில் ஏறிக் கொள்ள வேண்டும். அவன் நினைக்கும் தூரம்வரை பேருந்தில் செல்ல வேண்-டும்.

எதிரே வரும் அதே நிறுவனத்தின் வேறொரு பேருந்தில் அவன் ஏற வேண்டும். எந்த திசையில் அது போகின்றதோ அந்தத் திசையில் பயணம் செய்ய வேண்டும்.

இவ்வாறு அவன் இரவு ஏழு மணி வரை ஒவ்வொரு பேருந்துவாக ஏறிஏறி இறங்கிச் சென்றபின்பு, மீண்டும் அன்று இரவே அவன் எட்டு மணிக்கு திரு. நாயுடுவைச் சந்தித்து அன்று அவன் சென்ற பேருந்துகள் ஊர் பெயர்-களைக் கூற வேண்டும். இதுதான் திரு.நாயுடு அவனுக்குக் கொடுத்த வேலை. எப்படி வேலை? இதனால் என்ன நன்மை நிறுவனத்துக்கு?

அந்த வாலிபனுக்கு இலவசப் பயணச் சீட்டு வழங்கப் பட்டது. அதைப் பெற்றுக் கொண்ட அந்த வாலிபன் தினந்-தோறும் பேருந்துகளில் பயணம் செய்து கொண்டே இருப்-பான். ஆனால், அவன் யாருடனும் பேச மாட்டான். இது நாயுடு உத்தரவு. இரவு ஏழு மணி வரை பயணம் செய்து-விட்டு, அன்று இரவு எட்டு மணிக்கு திரு.நாயுடுவை அலு-வலகத்தில் சந்திப்பான்.

பத்தே பத்து நிமிடங்கள்தான் அவனை நாயுடு தனது அறையில் உட்கார வைப்பார். பிறகு வீட்டிற்கு அனுப்பி விடுவார். அந்த பத்து நிமிடத்தில் கூட பேசமாட்டார். இவ்-வாறு அவன் முப்பது நாட்கள் எல்லாப் பேருந்துகளிலும் சென்றபடியே இருந்தான்.

வருமானம் பெருக : இது ஒரு புரட்சி வழி! - இதனால் என்ன நன்மை நிறுவனத்துக்கு? என்றால், யு.எம்.எஸ். பேருந்துகளின் வசூல் தினந்தோறும் அதிகமாகிக் கொண்டே சென்றது. அதாவது, 15 சத விகிதம் வழக்க வசூலுக்கு மாறாக உயர்ந்து கொண்டே சென்றது. என்ன காரணம்

அந்த வசூலுக்கு?

பேருந்துகள் நடத்துனரும், ஓட்டுநரும் அந்த வாலி-பனைப் பேருந்து சோதனையாளன் என்று எண்ணிக் கொண்டார்கள். பய பக்தியுடன், மரியாதையுடன், அன்புடன் பயணிகளிடம் தொழிலாளர்கள் நடந்து கொண்டு, வசூல் பொறுப்பிலேயே கண்ணும் - கருத்துமாக அவரவர் தொழி-லையே தொழிலாளர்கள் செய்து வந்தார்கள். அந்த வாலி-பனுடைய வேலையால் யு.எம்.எஸ். நிறுவனத்தில் தூய்மை உருவானது. இந்த வாலிபனுக்கு நாயுடு அவர்கள் வேலை வழங்கித் தனது நிறுவனத்தைச் சோதனை செய்து கொண்டு வெற்றியும் பெற்றார்.

ஹென்றி போர்டும் : ஜி.டி. நாயுடுவும்! - அமெரிக்க மோட்டார் தொழில் வித்தகரான ஹென்றி போர்டு, அவரிடம் பணியாற்றிய தொழிலாளர்களை நிறுவனத்தில் எவ்வாறு புரிந்து வைத்திருந்தாரோ, அதுபோலவே நாயுடு அவர்களும் தனது யு.எம்.எஸ். மோட்டார் நிறுவனத்தில் பணிபுரியும் ஒவ்வொரு பிரிவு ஊழியர்களையும் நன்றாகப் புரிந்து கொண்டு, அவர்களது திறமைகளுக்கு ஏற்றவாறு பயன்ப-டுத்திக் கொண்டார். இதற்கு ஓர் எடுத்துக் காட்டு இது.

யு.எம்.எஸ். நிறுவனத்தில் வேலை பார்க்கும் தொழிலா-ளர்கள் 64 பேர்கள் விடுமுறை எடுத்திருந்தார்கள். எவரும் வேலைக்கு வரவில்லை. அந்தப் பட்டியலை நாயுடு அவர்-கள் பார்த்ததில், 43 தொழிலாளர்கள் எந்த விதக் காரண-மும் கூறாமல், நிறுவன அதிகாரிகளுக்கும் தெரிவிக்காமல் விடுமுறை எடுத்துக் கொண்டார்கள் என்பதை அவர் அறிந்-தார்.

அந்தப் பட்டியலில், 223 தொழிலாளர்கள் பணிபுரிவதற்கு வரவேண்டிய குறிப்பிட்ட நேரம் கழித்துத் தாமதமாக வேலைக்கு வந்ததையும் உணர்ந்தார்.

திரு. நாயுடு அவர்கள்; செய்யும் தொழிலே தெய்வம் என்று நம்பும் கருத்துடையவர். ஒழுங்கீனங்கள் வேலையில் நுழைவதை அவர் அறவே வெறுப்பவர். அதுமட்டுமன்று - காலம் பொன்னானது; கடமை உயிர் போன்றது என்ற எண்-

ணம் கொண்டவர். தாமதமாக வருபவர்களைத் திருத்த வழி என்ன என்று சிந்தித்தார் அவர்.

அந்தத் தொழில் நிறுவனத்தில், பணியாற்றிடும் ஒவ்-வொரு பிரிவு ஊழியர்களின் வருகைப் பட்டியலைத் தினந்-தோறும் தனது மேசைக்கு அனுப்புமாறு திரு. நாயுடு கட்-டளையிட்டார். அது முதல் பணியாளர்கள் ஒழுங்காக, தவறாமல், குறித்த நேரத்தில் பணி மனைக்கு வரலானார்-கள்.

தவறாக நடப்பவர்கள் பெயரைக் குறித்து அந்தப் பிரிவு அதிகாரிகளுக்கு அனுப்பித் தண்டனையும் தரச் செய்தார் நாயுடு. இதனால், தொழிலில் ஒழுங்கீனம் ஒழிந்தது. பணி-யாளர்களும் பணி முக்கியத்துவத்தை உணர்ந்து நடந்தார்-கள்.

இதுபோன்ற கட்டளையைப் பிறப்பித்த திரு. நாயுடு அவர்கள், ஆறு மாதம் கழித்து, மீண்டும் தொழிலாளர்கள் வருகைப் பட்டியலை வர வழைத்துப் பார்த்தார். அன்று, பன்னிரண்டே பேர்கள் தான் விடுமுறை எடுத்திருந்தார்கள். காரணம், கூறாமல் நின்றிருந்தவர்கள் ஆறே ஆறு பேர்கள்-தான். குறித்த நேரம் தவறித் தாமதமாக வந்த பணியாளர்-கள் இரண்டே பேர்கள்தான்.

உடல் நலமற்றோர் பணி செய்தால் அபராதம்! - இதற்-கடுத்தபடி, நாயுடு அவர்கள் மீண்டும் ஆறு மாதம் கழித்து தொழிலாளர் வருகையைக் கணக்கெடுத்துப் பார்த்தார். அன்று விடுமுறை எடுத்தவர்கள் இரண்டு பேர்கள், காரணம் கூறாமல் நின்றவர் ஒரே ஒரு தொழிலாளிதான் தாமதமாகப் பணிக்கு வந்தவர்கள் யாரும் இல்லை. இந்தச் சீர்திருத்-தத்திற்குப் பிறகு நாயுடு அவர்கள் புது உத்தரவு ஒன்றைப் புகுத்தினார் என்ன அது?

உடல் நலம் இல்லாதவர்கள் யாராகிலும் தொழிலுக்கு வந்து பணியாற்றினால், அவர்களுக்கு தலா பத்து ரூபாய் அபராதம் விதிக்கப்படும் என்பதே அந்த புது உத்தரவாகும்.

இந்த உத்தரவால் நாயுடு அவர்களின் தொழிலாளர் அபிமானம் எவ்வளவு போற்றத் தக்கதாக இருந்தது பார்த்-

தீர்களா? இந்தப் புது கட்டளையைக் கண்ட எல்லாத் தொழிலாளர்களும் தங்களது முதலாளியைத் தெய்வமாக மதித்து வந்தார்கள்.

வேலை நிறுத்தமே இல்லாத நிறுவனம்! - தொழிலாளர்கள் மீது திரு. நாயுடுவுக்கு இருந்த மதிப்பும் - மரியாதையும் ஒரு புறமிருக்க, அதே நேரத்தில் பணியாளர்களிடம் குறை கண்டால் - கண்டிப்பும், நிறை கண்டால் - பாராட்டும் வழங்கி வந்ததையும் அந்தத் தொழிலாளர்கள் மறக்கவில்லை.

இத்தகைய உத்தரவுகளால்தான் அவருடைய யு.எம்.எஸ். நிறுவனம் திறமையாகவும், சிறப்பாகவும், பார்ப்பவர்களுக்கு வியப்பாகவும் விளங்கி வந்தது எனலாம். எந்த நேரத்திலும் அந்த நிறுவனத்தில் வேலை நிறுத்தம் என்பதே நடந்ததில்லை.

யு.எம்.எஸ். நிறுவனத்தில் ஏறக்குறைய ஓர் இலட்சம் கோப்பு கள் இருந்தன. ஒவ்வொரு துறைக்கும், ஒவ்வொரு பணிக்கும் பைல்களைப் போட்டு அதைக் கவனமாகக் கண்காணிக்கும் கடமையை அலுவலக அதிகாரிகளுக்குப் பயிற்சி அளித்திருந்தார் ஜி.டி. நாயுடு.

அவ்வாறு, ஏறக் குறைய ஓர் லட்சம் கோப்புகளை யு.எம்.எஸ். நிருவாகம் கவனித்துக் கொண்டு கடமையாற்றியது. திடீரென இந்தக் கோப்புகள் மீது கவனம் வந்தது திரு. நாயுடுவுக்கு.

ஓர் இரவு நாயுடு அவர்கள், தனது நிறுவனச் செயலர்கள் எவ்வாறு கோப்புக்களை வைத்திருக்கிறார்கள் என்பதைக் கவனிக்க யாருக்கும் தெரியாமல் ஒவ்வொரு செயலாளர் மேசைகளையும் கவனித்துக் கொண்டே வந்தார்.

கோப்புகளை எப்படி நிருவாகம் செய்வது? - ஒரு மேசையில் கோப்புகள் கிழிந்த நிலையில் தரையிலே கிடந்ததைக் கண்டார் திரு. நாயுடு. வேறொரு மேசையில் கோப்புகள் அலங்கோலமாகச் சிதறிக் கிடந்தன. இன்னொரு மேசையில் பிரித்துப் பார்த்தக் கோப்பை அப்படியே விட்டுவிட்டுச் சென்றக் காட்சியைக் கண்டார்.

ஜி.டி. நாயுடு அவர்கள், அந்தந்தக் கோப்புக்களை அடுக்கி அந்தந்த மேசைகள் மேலே வைத்தார். அலங்கோ-லமாக இருந்தவை களைச் சரி செய்து வைத்தார். பிரிந்துக் கிடந்தவைகளை மூடி அதே மேசையிலேயே வைத்துவிட்-டார். குப்பை போலக் குவிந்துக் கிடந்த கோப்புக்களை ஒவ்-வொன்றாக அடுக்கி, அதை ஒரு கயிற்றால் கட்டி அதே மேசை மேலேயே வைத்தார்.

ஒரு துண்டுச் சீட்டை எடுத்து, "அவரவர் மேசைகளைச் சம்பந்தப்பட்டவர்கள், சுத்தமாகவும் – ஒழுங்காகவும் வைத்-துக் கொள்ள விரும்புகிறீர்களா? அல்லது. உங்களுடைய முதலாளியைத் தினந்தோறும் இரவில் வந்து அடுக்கி, கட்டி வைக்கச் சொல்கிறீர்களா?" என்று அந்தச் சீட்டில் எழுதி வைத்துவிட்டுச் சென்றுவிட்டார் திரு. நாயுடு.

மறுநாள் அந்தந்த மேசை அலுவலர்கள் பணிக்கு வந்து அந்தத் துண்டுச் சீட்டைப் பார்த்து அதிர்ச்சி பெற்றார்கள். தவறுதல்களுக்கு மனம் வருந்தி, அன்று முதல் அவரவர் மேசைகளில் கோப்புக்களை ஒழுங்காக வரிசையாக அடுக்கி, மேசைகளைச் சுத்தமாகவும் வைத்துக் கொண்டார்கள்.

இவ்வாறெலாம், ஜி.டி. நாயுடு தனது நிருவாகத்தைத் திருத்திக் கொண்டு வந்ததால்தான், உலகத்திலேயே இவரைப்போல நிருவாகத் திறமையாளர் எவருமில்லை என்று பலர் பேசும் மதிப்பும் – மரியாதையும் அவருக்கு உருவானது.

கோவை நகர் சென்றதும், கோபால் பாக் என்ற அவரது தந்தை பெயரால் உள்ள அலுவலகத்துக்குள் நுழைந்தால், அங்கே விசாரணை அறை உள்ளது. அந்த அறைக்குள்ளே ஒரு பெண் வழி காட்டி, வருவோர் போவோரை மரியாதை-யுடன் எழுந்து வரவேற்கும் காட்சியைக் காண முடிகின்றது.

கோபால் பாக் ஒரு விளக்கம்! - அந்தப் பெண், நாம் வந்த காரணத்தை அறிகிறார். அதன் விவரத்தை ஜி.டி. நாயுடு அலுவலகத்துக்குத் தொலைபேசி மூலம் அறிவிக்கி-றார். அதற்குப் பிறகு நம்மை உள்ளே அழைத்துப் போகி-

றார்.

வந்தவர்கள் எதிரிலேயே நாயுடு அவர்கள் தனது தொழிலாளர்களது பல செயல்களுக்கான வழிவகைகளை விளக்கிக் கூறுகிறார். இந்த காட்சிகள் தினந்தோறும் காலை ஒன்பது மணி முதல் இரவு ஒரு மணி வரை நடந்து கொண்டே இருக்கும். சில நாட்களில் திரு. நாயுடு காலை ஆறு மணிக்கே கூட தனது அறைக்கு வந்து உட்கார்ந்து விடுவாராம்.

ஜி.டி. நாயுடு அவர்களது வீட்டுக்கும், அலுவலக அறைக்கும், தொழிற் சாலைகளுக்கும், மின்சார நிறுவனத்திற்கும், அவரது ஒவ்வொரு செயலாளர்களது அறைகளுக்கும், விசாரணை அறைக்கும், வேறு சில முக்கியமான இடங்களுக்கும் தொலைபேசி இணைப்புகள் இருக்கின்றன.

எனவே, திரு. நாயுடு அமர்ந்துள்ள இடத்தில் இருந்தபடியே மற்ற எல்லாத் துறை நிர்வாகிகளிடமும் தொடர்பு கொண்டு, நடக்க வேண்டிய நடந்த பணிகளை நடத்துமாறு கட்டளையிடுவார். நடக்க வேண்டிய வேலைகளையும் தெரிந்து கொள்வார். அதற்கான வழி முறைகளையும் கூறுவார்.

பேருந்துகள் அலுவலகத்துக்கும், அங்கு தங்கியுள்ள பயணிகள் அறைக்கும் தொலைபேசி மூலம் தெரிந்து கொள்ள வேண்டியதையும், செய்ய வேண்டியச் செயல்களையும் கூறிக்கொண்டே இருப்பார்.

தொலை பேசிகளுக்கு ஒய்வே இருக்காது. இவ்வாறு திரு. நாயுடு காலத்தை வீணாக்காமல், பொன் போல போற்றும் பண்பாளர் ஆவார். அந்த வசதிகளை எல்லாத் துறை அறைகளுக்கும் செய்து கொடுத்துள்ளார் என்பதே அவரது நிர்வாகத்தைப் போற்றுபவர் களும், பாராட்டுபவர்களும் கூறுவார்கள்.

திரு. நாயுடு நிர்வாகம் பற்றி எவராவது குறை கூறினால், உடனே அதைத் திருத்திக் கொள்வதற்கான நடவடிக்கைகளை எடுப்பார். மறு நிமிடம் அக்குறைகள் எல்லாம் நிறைவு பெறும். அவ்வளவு வேகமாக ஆங்காங்கே செயல்-

கள் நடந்துக் கொண்டே இருப்பதைக் காணலாம்.

ஓர் இரவு கோப்புகள் வைக்கப்பட்டிருந்த அறைகளுக்கும், மேசைகளுக்கும் சென்று சீர்திருத்தம் செய்தார் என்று கூறினோம் அல்லவா? அந்தக் கோப்புகள் நிருவாகத்தைக் கேட்டால் மெய் சிலிர்த்துப் போவீர்கள். இதோ அந்த கோப்புகளது நிருவாக முறைகள்:

பைல்கள் அதிசயங்கள்! - ஏறக் குறைய ஓர் இலட்சம் கோப்புகள் திரு. நாயுடு பார்வைக்கு அவ்வப்போது வந்து வந்து போகும். அப்படிப்பட்டக் கோப்புகளின் பெயர்களில் சில இவை :

"நட்பு, காவல்துறை; திறமைகளுக்குப் பாராட்டு, மரியாதை வழங்கும் வழி முறைகள், யார் யார் முகஸ்துதியாளர்கள், உண்மைகள் எவையெவை? எருமைகளை எவ்வாறு திருத்துவது? How to set the Buffaloes in line, ஒருவரை எப்படி வேலை வாங்குவது? How to extract work from one, என்னுடைய தவறுகள், My Blunders, எனது முகமதுபின் துக்ளக், My Mohammed Bin Tughlak போன்ற பல சுயவிமரிசினக் கோப்புகளும் உள்ளன. இதில் எனது முகமதுபின் துக்ளக் கோப்பில், ஏராளமான கடிதங்களும், எழுத்துச் சான்றுகளும், உண்மைகளும் உள்ளதை நாம் உணரலாம்.

பண்பெனபடுவது பாடறிந்து ஒழுகலல்லவா? - திரு. ஜி.டி. நாயுடு, இவ்வாறெலாம் சிந்தித்துச் சிந்தித்து, செயலாற்றி, தனது தவறுகளையும் உணர்ந்து, மீண்டும் அவை நிகழாதவாறு தன்னையே தான் உணர்ந்து, தொழிலாளர் நலம் பேணி, அவர்களிடம் குறை கண்டபோது அன்பாகத் திருத்தி, நிறை உணர்ந்தபோது பண்போடு பாராட்டி, பரிசளித்து, கட்டுப்பாட்டோடு கடமையாற்றும் கண்ணியத்தைக் கற்பித்து, பயணிகள் குறைகளை நீக்கி, எல்லாவித வசதிகளையும் அவர்களுக்குச் செய்து கொடுத்து, பணத்திற்கே மரியாதை தராமல், பண்பாடுகளுக்கே மரியாதை கொடுத்து, எந்த விதமான துன்பங்களுக்கும் - இடையூறுகளுக்கும்

கலங்காமல், துணிவே துணையென நம்பி, எல்லாவற்றுக்கும் மேலாக, முயற்சியே உயர்ச்சி தரும் என்ற நெறிக்குப் பணிந்து நடந்து கொண்ட நல்லவராகவும், வல்லவராகவும் விளங்கும் சுபாவம் உடையவராக திரு. நாயுடு திகழ்ந்து வந்ததால்தான். தோன்றிய அவரது எல்லாத் தொழிற் துறை- களிலும் செல்வாக்கும், சொல் வாக்கும், புகழும் பெற முடிந்- தது என்பது, நம்மில் அனைவருக்கும் இருக்க வேண்டிய பண்பாடுகளாகும். பண்பெனப் படுவது பாடறிந்து ஒழுகுதல் அல்லவா?

இந்த அருமையான திறமைகளை அவர் பெற்றிருந்ததால் தான், ஜி.டி. நாயுடு என்று உலகத்தவர்களால் அழைக்கப்ப- டும் அவர் செயற்கரிய செயல் வீரராக விளங்கினார்.

6. இரண்டாம் உலகப் பயணத்தில் எட்டாம் எட்வர்டு, நேரு சந்திப்பு!

திரு. ஜி.டி. நாயுடுவின் முதல் உலகச் சுற்றுப் பயணம் அவர் எதிர்பார்த்தபடி வெற்றி பெற்றதால், மறுபடியும் உலகத்- தைச் சுற்றிப் பார்க்க வேண்டும் என்ற ஆர்வம் அவரிடம் மேலோங்கியது.

முதல் முறை அவர் உலகத்தை வலம் வந்தபோது, அந்தந்த நாடுகள் எப்படியெல்லாம் முன்னேற்றம் கண்டு, வளர்ச்சி பெற்றிருக்கின்றன என்பதை மட்டுமே பார்த்தார். அந்த உலகப் பயணத்தில் அவருக்குள் உருவான அறிவியல் அறிவு, தொழிலியல் உணர்வுகள், பல நாடுகளில் வாழும் மக்களின் பண்பாடுகள், நாகரிகங்கள், அந்தந்த நாட்டு மக்- கள் அன்றாடம் அனுபவிக்கும் வாழ்க்கை வசதிகள் ஆகி- யவற்றை திரு. நாயுடுவுக்கு உணரும் வாய்ப்புக் கிடைத்தது.

இரண்டாவது : உலகப் பயணம்! - மறுபடியும் உலகச் சுற்றுப் பயணத்தை மேற்கொண்டால், முதல் முறையில் தாம் கண்டுணர்ந்த அறிவு வளர்ச்சிகளை, மேலும் சற்று ஆழமாக, கவனமாக, ஆய்வுக் கண்ணோட்டத்தோடு காண முடியுமே என்ற ஆர்வம் அவருக்கு அதிகமானதால்,

இரண்டாம் முறையாக அவர் உலகத்தைச் சுற்றி வரத் திட்-டமிட்டார்.

ஒரு மனிதன் அறிவியல், தொழிலியல், வாழ்வியல், பொருளியல் கண்ணோட்டத்தோடு உலகைச் சுற்றி வர நினைத்தால், அதற்கான அந்தந்த நாடுகளைப் பற்றிய முழு உண்மைகளைக் கற்றறிந்திருக்க வேண்டும் அல்லது கேட்டு-ணர்ந்திருக்க வேண்டும்.

அந்த வரலாற்று அறிவும், நாடுகளது வளர்ச்சி அறிவும் தெரிந்திருந்தால்தான், எங்கெங்கே போக வேண்டும், என்-னென்ன தெரிந்து கொள்ள வேண்டும். யார் யாரிடம் அவை பற்றி விசாரித்து உணர வேண்டும் என்ற பட்டியலை, திட்-டத்தைப் போட்டுக் கொள்ளும் முன் அறிவும் பெற்றிருந்-தால்தான் - அந்த உலகச் சுற்றுப் பயணம் வெற்றிகரமாக அமையும்.

அந்தந்த நாடுகளின் மொழி அறிவு இல்லாமல் போனால் கூடப் பரவாயில்லை. உலக மொழியாக விளங்கும் இங்லிஷ் மொழி அறிவு அவசியம் இருந்தாக வேண்டும். திரு. நாயுடு மேற்கண்ட அனைத்திலும் போதிய புலமை பெற்றவர் ஆவார். அதனால், அவர் இரண்டாம் உலகச் சுற்றுப் பயணத்துக்கான முன்னேற்பாடுகளையும், திட்டங்களையும் வகுத்துக் கொண்டார்.

ஏற்கனவே, அவர் முதல் முறையாக உலகச் சுற்றுப் பயணம் செய்த அனுபவம் உள்ளவர். அதனால் அவருக்கு வழிகாட்டிகள் எவரும் தேவையில்லை. அதற்குமேலும் அவர் நிருவாகத் திறமையில் புகழ் பெற்றவர் எந்தச் செய-லைச் செய்தாலும், செய்வதற்கு முன்பே ஒரு முறைக்கு இருமுறை சிந்தித்துச் செயல்படும் திறமையாளர் எதையும் ஆழமாக யோசிப்பவர்; நுனிப் புல் மேயும் மேட புத்தியற்ற-வர். பார்த்தவுடன் எதையும் நினைவில் நிறுத்திக் கொள்ளும் பழக்கம் உடையவர்: இந்த அனுபவங்களை எல்லாம் அவர் இயற்கையாகவே பெற்றவர். அதனால்தான், தனது சொந்தத் தொழிலில் அவரால் நிலையாக, வெற்றிகரமாக முன்னேற முடிந்தது அல்லவா?

எனவே, தனது இரண்டாவது உலகச் சுற்றுப் பயணத்தின் முடிவில், ஏதாவது சில சாதனைகளைச் சாதித்தாக வேண்-டும் என்ற விட முயற்சியால், இரண்டாவது பயணத்திற்கேற்-றத் திட்டங்களை வகுத்துக் கொண்டு, 1935-ஆம் ஆண்டில் நாயுடு புறப்பட்டார்.

முதன் முதலாக ஜி.டி. நாயுடு அவர்கள் இங்கிலாந்து நாட்டுக்குச் சென்றார். அவர் புகைப்படம் பிடிப்பதில் வல்ல-வர் ஆனதால், இரண்டு புகைப்படக் கருவிகளையும் உடன் எடுத்துச் சென்றார்.

எங்கெங்கே, என்னென்ன அதிசயக் காட்சிகளைக் காண்கின்றாரோ, அவற்றை அப்படியப்படியே படம் எடுக்கும் வல்லவர் அவர். அதற்கேற்ப இங்கிலாந்து நாட்டின் எழில் மிக்கக் காட்சிகளைப் படம் எடுத்தார்.

இங்கிலாந்து நாட்டில், எந்தெந்த நகரங்களில் புகழ்பெற்ற தொழிற்சாலைகள் உண்டோ, அங்கங்கே சென்று, அனுமதிப் பெற்று, படங்களை எடுப்பதோடு நின்றவரல்லர் நாயுடு. அந்தந்த தொழிற்சாலைகளில் நடைபெறும் தொழில் விவ-ரங்களையும் கேட்டறிந்து, பயிற்சியும் பெற்றார்.

தொழிற்சாலைகளை இயந்திரங்களோடு படம் எடுத்தார் - தொழிற் சாலைகளில் உள்ள மிக முக்கியமான இயந்தி-ரங்களைப் பல வகையானத் தோற்றங்களோடு படம் எடுத்-தார். இப்படி நாயுடு படம் எடுக்கும் திறமைகளை இங்கி-லாந்து நாட்டுத் தொழில் உரிமையாளர்கள் அனுமதித்தார்-களே தவிர, எவரும் தடுக்கவும் இல்லை; மாறாக, அதற்-கான எல்லா உதவிகளையும் அவர்கள் செய்தே உதவினார்-கள்.

ஐந்தாம் ஜார்ஜ் மன்னரின் மரண ஊர்வலத்தைப் படமாக்-கினார்! - இலண்டன் நகரம் வந்தார். அங்கே உள்ள வரலாற்றுப் புகழ் மிக்கச் சின்னங்களைப் படமெடுத்தார். இந்த நேரத்தில், இங்கிலாந்து நாட்டின் மன்னராக இருந்த ஐந்தாம் ஜார்ஜ் மன்னர் காலம் ஆனார். அவருடைய மரண ஊர்வலம் லண்டனில் நடைபெற்றது.

மன்னர் மரண ஊர்வலம் என்றால், அதுவும் மா மன்னர் மரண ஊர்வலம் என்றால், அதுவும் சூரியன் மறையாத ஒரு பேரரசின் மாமன்னர் பெரும் பயணம் என்றால் எப்படி இருந்திருக்கும் அந்த ஊர்வலம்? சொல்லவும் வேண்டுமா? மக்கட் கடல் அங்கே பொங்கித் திரண்டதை?

தமிழ் நாட்டில் அதையும் புறமுதுகிடச் செய்யும் ஒரு மரண ஊர்வலம் நடந்தது - 1969-ஆம் ஆண்டில்! அதன் ஈடில்லா மரணக் காட்சிகள் எப்படி இருந்தது தெரியுமா?

1967-ஆம் ஆண்டில், 20 ஆண்டு காலமாக நடந்த தேசீய காங்கிரஸ் ஆட்சி வீழ்ச்சி அடைந்தது. அறிஞர் அண்ணா அவர்களது ஆட்சி அரியணை ஏறியது. ஏறக்குறைய ஓரிரு ஆண்டுக் காலம்தான் தமிழ்நாட்டின் முதல் அமைச்சராக அண்ணா ஆட்சி செய்தார். 1989-ஆம் ஆண்டு பிப்ரவரி 3-ஆம் நாள் அவர் புற்றுநோய் புழுக்களுக்கு இரையானார்!

அந்த மரணத்தை நேரில் கானத் தமிழ்நாட்டின் மக்களில் ஏறக்குறைய ஐம்பது இலட்சம் மக்கள் திரண்டு வந்து சென்னை நகரில் கூடி விட்டார்கள்.

அறிஞர் அண்ணா மரண ஊர்வலம்! - கன்னியாகுமரி முதல் சென்னை நகர் வரை, வட வேங்கடம் முதல் தூத்துக்குடி கடல் முனை வரை - இருந்த தமிழர்கள் வீடுகளில், வீதிகளில், சந்துமுனை சந்திப்புகளில், மூடப்பட்ட கடைகளின் வாயிற்படிகளில், ஒவ்வொரு வீடுகளில், அறிஞர் அண்ணா திருவுருவப் படங்களை வைத்து, மலர் மாலைகள் சூட்டி, தேங்காய் உடைத்து, கற்பூர ஜோதியைக் காட்டி, அவர் திரு உருவம் முன்பு கும்பல் கும்பலாக மக்கள் கூடிக் கண்ணீர் சிந்தி, இரவும் - பகலும் உண்ணாமல், உறங்காமல் விழித்திருந்து, வீதிகள் தோறும் அண்ணா மரணத்தைச் சுண்ணாம்பு கட்டிகளால் எழுதி எழுதிக் கண்ணி சிந்தியபடியே இருந்தார்கள் மக்கள்.

ஒவ்வொரு பேருந்துகளும், லாரிகளும், கார்களும், இரயில் வண்டிகளும் அண்ணா மரணத்தைக் காண வந்த மக்கள் கூட்டங்களை ஏற்றிக் கொண்டு நிரம்பி வழிந்தபடியே

சென்னை வந்து சேர்ந்தனர். நேரம் ஆக ஆக லட்சம் லட்சமாக மக்கள் திரண்டனர்.

சென்னை நகர் கடைகள் அடைக்கப்பட்டதால், பல லட்சக் கணக்காகக் கூடிய மக்கள் தண்ணி அருந்தக் கூட கடைகள் இல்லை. தாகத்தால் தவித்த பெண்கள், குழந்தைகள் இலட்சக் கணக்கானோர் அங்கே பசியால் பரிதவித்தார்கள். இந்த மக்கட் கடல், பொங்கிய ஊழி போல, தெருத் தெருவாகப் பெருக்கெடுத்த வெள்ளம்போல நகர்வதைக் கண்ட தமிழ்நாடு அரசு, வானொலியிலே தேநீர் கடைக்காரர்களே, உணவு விடுதி வைத்திருப்போர்களே கடைகளைத் திறந்து, வந்துள்ள மக்களுக்கு வேண்டிய உணவு வகைகளை வழங்குங்கள் என்று பத்து நிமிடத்துக்கு ஒரு முறையாக நாவலர் நெடுஞ்செழியன் என்ற அமைச்சர் கேட்டுக் கொண்டும் கூட, யாரும் கடை திறப்புகளைச் செய்யவில்லை. காரணம், அவர்களும் மனிதநேயர்கள்தானே! எப்படிச் செய்வார்கள் வியாபாரம்? செய்யத் தான் முடியுமா மக்கட் கடலுக்குள்?

அண்ணா சவ உடல் இராஜாஜி மண்டபத்தில் வைக்கப் பட்டது. இரவெல்லாம் மக்கள் வரிசை வரிசையாக, சாரி சாரியாக நின்று அவரது மரணக் கோலத்தைக் கண்டு, கண்ணிராபிஷேகம் செய்து கொண்டே நகர்ந்தார்கள் - ஆமைகள் கூட்டம் போல!

நேரம் ஆக ஆக மக்கட் கூட்டம் பெருகியது! இவ்வளவு மக்களும் உண்ண, உறங்க, தண்ணி குடிக்க வழியின்றித் தவித்துச் சாலைகள் நடுவே எல்லாம் குப்பைக் கூலங்கள் போல படுத்துக் கிடந்தார்கள்!

அண்ணா முகத்தையாவது பார்க்கலாமே என்ற பாமர மக்களது பாசம், சென்னை வரும் இரயில் வண்டியின் கூரை மேலே ஏறி அமர்ந்தார்கள். இரயில் கூரை மேலே அமர்ந்து வந்து கொண்டிருந்த மக்கள் தஞ்சை - விழுப்புரம் இடையே அருகே இருந்த கெடிலம் ஆறு இரும்புப் பாலக் கூரையால் தாக்கப்பட்டு, ஏறக்குறைய நூற்றுக்கும் மேற்பட்டவர்கள் ரத்தம் சொட்டச் சொட்ட, துடிதோடு துடித்துச் செத்தக் காட்சி

மக்கள் நெஞ்சங்களை இரத்தச் சாறுகளாகப் பிழிந்தன.

அண்ணா சவ ஊர்வலத்துக்கு மத்திய அரசு சார்பாக உள்துறை அமைச்சராக அப்போது இருந்த ஒய்.பி. சவாண் வந்தார். மரண ஊர்வலத்தில் திரண்டிருந்த மக்கள் கூட்டத்-தின் நெருக்கடி களைக் கண்ட சவாண், பிரமித்துப் போய், "What a huge Crowed than the Mahatma Gandhi" 'மகாத்மா காந்தியடிகளின் மரண ஊர்வலத்தை விட - என்ன இவ்வளவு பெரிய மக்கட் கூட்டமாக இருக்-கிறதே என்று வியந்து போனார்!

அறிஞர் அண்ணா மரண ஊர்வலக் காட்சிகளை எல்-லாப் பத்திரிக்கைகளும் பக்கம் பக்கமாகப் படங்களாகப் பிடித்து வெளியிட்டிருந்தன. அண்டை மாநில அரசுகள் எல்லாம் அண்ணா மரணத்துக்கு அனுதாபம் தெரிவித்து விடுமுறைகள் விடுத்தன. இத்தனைக்கும் அண்ணா ஓர் எதிர்க்கட்சித் தலைவராக இருந்து ஆளும் கட்சியாகி, முதல்வரானவர். அவருக்குத் தமிழ்நாடே திணறித் தவித்துத் தேம்பி நின்ற மக்கள் கூட்டம் - ஊழிப் பெருக்காக மாறிக் கடலாகக் காட்சி அளித்தது என்றால், இங்கிலாந்து நாட்டில் The never sun set in British Empire என்று கூறு-மளவுக்கு, மாமன்னராக இருந்த, சூரியன் மறையாத பிரிட்-டிஷ் சாம்ராச்சிய சக்கரவர்த்தியின் மரண ஊர்வலத்துக்கு - எவ்வளவு பெரிய மக்கட் திரள் கூடியிருக்கும் என்பதை நாம் எண்ணிப் பார்க்க வேண்டிய ஒரு வரலாற்றுச் சம்பவம் அல்-லவா?

ஐந்தாம் ஜார்ஜ் சக்ரவர்த்தியின் அந்த மரண இறுதி ஊர்வலத்தில், இலட்சக் கணக்காகத் திரண்டிருந்த மக்கள் நெருக்கடியைக் கண்டு மருளாத ஜி.டி. நாயுடு அவர்கள், கூட்ட நெருக்கடிகளைச் சமாளித்துக் கொண்டு, அந்த ஊர்-வலக் காட்சிகளைத் தொடர்ச்சியாக ஒரு திரைப்படம் போல வீதி வீதியாகச் சென்று படமெடுத்தார் என்றால் - இந்த பணி என்ன சாமான்யமான பணியா?

ஒலிம்பிக் போட்டிகளையும் 10 நாளாகப் படம் எடுத்தார்! - ஐந்தாம் ஜார்ஜ் மன்னருடைய மரண ஊர்வலங்களைத்

தொடர்ப் படங்களாக்கியதோடு நில்லாமல், 1935-ஆம் ஆண்டில் இலண்டன் மாநகரிலே நடைபெற்ற பத்து நாட்களின் ஒலிம்பிக் விளையாட்டுப் போட்டிகளையும் ஜி.டி. நாயுடு படமாக எடுத்தார்.

இத்துடன் நின்றாரா நாயுடு? இங்கிலாந்து நாட்டு மன்னராக அப்போது இருந்த எட்டாம் எட்வர்டு, ஒரு புகழ் பெற்ற பொருட்காட்சி சாலையைக் காண வந்திருந்தார். அப்போது ஜி.டி. நாயுடு பொருட்காட்சி சாலைக்குள் மன்னர் நுழையும் வாயிலில் புகைப் படக் கருவியோடு காத்துக் கொண்டிருந்தார்.

எட்வர்டு மன்னர் ஏறி வந்த கார்; அந்தப் பொருட்காட்சி சாலை வாயில் முன்பு வந்து நின்றது. காரின் கதவுகள் திறக்கப்பட்டன. மன்னர் காரைவிட்டு வெளியே காலடி எடுத்து வைத்த நேரத்தில், ஜி.டி. நாயுடு சாலையின் குறுக்கே ஓடிச் சென்று எட்டாம் எட்வர்டு மன்னரை நேருக்கு நேராக நின்றுப் படமெடுத்துக் கொண்டிருந்தார்.

அப்போது இலண்டன் காவல் துறையின் பெரிய அதிகாரி ஒருவர் ஓடி வந்து, நாயுடு படமெடுக்கும் போது அவரை எடுக்க விடாமல் தடுத்து ஒதுக்கித் தள்ளி விட்டான்.

உடனே எட்டாம் எட்வர்டு மன்னர் அந்தக் காவல் துறை அதிகாரியை நோக்கி; "புகைப்படம் ஒன்றும் செய்யாதே. அவர் விருப்பம்போல் படம் எடுத்துக் கொள்ளட்டும்" என்று கூறியதும், காவல்துறை அதிகாரி மன்னரை ஜி.டி. நாயுடு படம் எடுக்கும் வரை ஒதுங்கி நின்றார். மன்னரே, தான் எடுக்கும் புகைப்படம் சம்பவத்துக்கு அனுமதியளித்த விட்டபோது, நாயுடுவின் மகிழ்ச்சி பல மடங்காகப் பெருகியது.

எட்டாம் எட்வர்டு மன்னரை நேர் நின்று படம் எடுத்தார்! – மன்னரின் அந்த அனுமதியைப் பயன்படுத்திக் கொண்ட ஜி.டி. நாயுடு, மன்னர் பின்னாலேயே காட்சிச் சாலைக்குள் புகுந்தார். ஏறக்குறைய ஒரு மணி நேரம் வேடிக்கை பார்த்த மக்களையும், மன்னரது நிகழ்ச்சிகளையும் தொடர்ந்து 400 அடிகள் கொண்ட நீளமான படங்களாக எடுத்துக் கொண்டார்.

படம் எடுத்து முடிந்த பின்பு அவரைத் தடுத்த காவல் துறை அதிகாரி அங்கே நின்று திரு. ஜி.டி. நாயுடுவை வேடிக்கைப் பார்த்துக் கொண்டிருப்பதை கண்ட நாயுடு, அந்த அதிகாரிக்கு வணக்கம் கூறும் பாவனையில் சலியூட் அடித்துவிட்டுத் தனது இருப்பிடத்திற்கு வந்து சேர்ந்தார். அங்கே திரண்டு நின்றிருந்த மக்கள் நாயுடுவை வேடிக்கைப் பார்த்துக் கொண்டே நின்றார்கள்.

ஏன், இதை இங்கே குறிப்பிடுகிறோம் என்றால், ஒரு காரியத்தைச் செய்திட ஜி.டி. நாயுடு முனைந்து விட்டார் என்றால், அதை முழுவதுமாக முடிக்காமல் நின்று விட மாட்டார் என்ற சுபாவம் கொண்டவர் ஆவார். என்பதற்காகவே குறிப்பிட்டோம். அந்த மனோதிடம் அவருக்குப் பிறவிக் குணமாக அமைந்திட்ட ஒன்று. இல்லா விட்டால், புதிய ஒரு நாட்டுக்குச் சென்று, முன்பின் முக அனுபவம் இல்லாத ஒருவரால், ஐந்தாம் ஜார்ஜ் மன்னரது மரண ஊர்வலத்தையும், பத்து நாட்கள் இலண்டனில் நடந்த ஒலிம்பிக் விளையாட்டுப் பந்தயப் போட்டிகளையும், எட்டாம் எட்வர்டு மன்னரின் சம்பவங்களையும் சாதாரண மனம் கொண்ட ஒருவரால் நீண்ட தொடர் புகைப் படங்களாக எடுக்க முடியுமா? எண்ணிப் பாருங்கள்!

இலண்டனில் நாயுடு, தங்கியிருந்தபோது, இலண்டன் அஞ்சல் துறை எவ்வாறு இயங்குகிறது என்பதை அறிய எண்ணங் கொண்டார். அதற்கு அவர் செய்த தந்திரம் என்ன தெரியுமா?

இலண்டன் அஞ்சல்துறை : நிர்வாகச் சோதனை! - ஜி.டி. நாயுடு தனக்குத் தானே ஓர் அஞ்சலை எழுதிக் கொண்டார். தனது இருப்பிடத்தின் முழு முகவரியை எழுதாமல், "ஜி.டி. நாயுடு, இலண்டன், W.C.I" என்று மட்டுமே அஞ்சல் உரையின் மேல் எழுதி, இலண்டனில் உள்ள பர்மிங்ஹாம் அஞ்சல் நிலையத்தில் அதைப் போட்டு விட்டார். இதுதான் அவர் செய்த தந்திரம்.

அஞ்சல் உரையின் மேல், வீட்டு எண், வீதி பெயர், எந்த அஞ்சல் வட்டத்தைச் சேர்ந்தது அந்த இடம்; என்ற விவ-

ரங்களைத் திரு. ஜி.டி. நாயுடு தெளிவாக எழுதாமலேயே அஞ்சலகத்தில் போட்டு விட்டார்.

அவ்வாறு ஏன் செய்தார்? அவையெல்லாம் இல்லாமல் அந்த அஞ்சலைப் போட்டால், அது தனது முகவரிக்கு வந்து சேருகின்றதா? இல்லையா? என்பதைச் சோதித்துப் பார்க்கவே ஜி.டி. நாயுடு அவ்வாறு செய்தார்.

அவர் போட்ட அந்தக் கடிதம், அடுத்த நாளே அவருடை முகவரிக்கு வந்து சேர்ந்து விட்டது. இலண்டன் நகர அஞ்சல் துறையின் திறமையையும், அதன் வேலைப் பொறுப்புணர்ச்சியையும் கண்டு ஜி.டி. நாயுடு மிக மகிழ்ந்-தார்.

காணாமல் போன: கேமிரா வந்தது எப்படி? - ஒரு முறை ஜி.டி. நாயுடு அவர்கள் தனது புகைப் படக் கருவியை எங்கோ ஓரிடத்தில் கை தவறி விட்டு விட்டார். அந்தக் கருவி மீது ஜி.டி. நாயுடு என்ற தனது பெயரை மட்டும்தான் எழுதியிருந்தார். இதில் என்ன அதிசயம் என்றால், அந்தப் புகைப் படக் கருவியும் மறுநாளே அவரிடம் வந்து சேர்ந்து விட்டது. எப்படி அது வந்து சேர்ந்தது?

திரு. நாயுடுவினுடைய புகைப் படக் கருவி யாரோ ஒரு வெள்ளையர் கையில் கிடைத்தது. அதை அந்த ஆங்கி-லேயர் கபளிகரம் செய்து கொள்ளாமல், அப்படியே எடுத்-துச் சென்று, இழந்த பொருள்கள் அலுவலகத்தில், Lost Property office, அதிகாரியிடம் சேர்த்து விட்டார். அந்த அதிகாரி அக் கருவியை நாயுடுவின் முகவரிக்கு அனுப்பி வைத்தார்.

இழந்த பொருட்கள் அலுவலகம் அதிகாரி இலண்டன் அஞ்சல் துறையுடன் தொடர்பு கொண்டு, முகவரியைக் கண்டுபிடித்து, புகைப் படக் கருவியைக் கொண்டு வந்து நாயுடுவிடம் கொடுத் திருக்கிறார் அந்த அதிகாரி. எவ்வளவு பொறுப்புணர்ச்சி அந்தத் துறைக்கு இருந் திருக்கிறது என்-பதைக் கண்டு திரு. நாயுடுவே வியந்து போனார்!

இன்னொரு நாள், திரு. ஜி.டி. நாயுடு அவர்கள், இலண்டனிலிருந்து இந்தியாவிலுள்ள அவருடைய நண்ப-

ரோடு தொலைபேசி மூலம் மூன்று நிமிடங்கள் பேசினார். ஆனால், தொலைபேசி அலுவலகம் அவர் பேசிய நேரம் ஐந்து நிமிடங்கள் என்று கணக் கிட்டுப் பணத்தை வசூலித்தது. இந்தத் தவறுதலை திரு. ஜி.டி. நாயுடு அந்தத் தொலைபேசித் துறை அதிகாரிக்குத் தெரிவித்தார்!

அதிகம் பெற்ற டெலிபோன் பணத்தைத் திரும்பப் பெற்றார்! - அந்தத் தொலை பேசி அதிகாரி, தனது அலுவலகத்தின் தவறை உணர்ந்து, உடனே அந்த இரண்டு நிமிடத்திற்குரிய கட்டணமான இரண்டு பவுனையும் அங்கிருந்து நாயுடு முகவரிக்கு திருப்பி அனுப்பி வைத்தார்.

ஆங்கிலேயர்களது நாணய நடத்தையைக் கண்டு மகிழ்ந்த ஜி.டி. நாயுடு, அந்த இரண்டு பவுனையும், தொலைபேசி தொழிலாளர் நிவாரண நிதிக்கே அன்பளிப்பாக வழங்கி, அந்த அதிகாரிக்கே அதைத் திருப்பி அனுப்பி விட்டார்.

இரஷ்சிய நாட்டில் : ஜி.டி. நாயுடு! - இலண்டனில் இருந்து நாயுடு சோவியத் ருஷ்ய நாட்டுக்குச் சென்றார். இங்கிலாந்து நாட்டைப் போல இரஷ்யா ஒரு பரபரப்பான - சுறு சுறுப்பான நாடாக இருக்கவில்லை. ஏதோ ஓர் அமைதி அங்கு நிலவியதால், ஜி.டி. நாயுடுவைப் போன்ற ஒரு சுறு சுறுப்பான மனிதருக்கு அந்த நாடு பிடிக்கவில்லை.

பிரிட்டீஷ்காரர்களைப் போல, இரஷ்யர்கள் மனித நேயத்தோடு பழகும் சுபாவம் உடையவர்கள் அல்லர் என்பதை அவர் உணர்ந்தார். மாஸ்கோ நகரில் ஜி.டி. நாயுடு நான்கு நாட்கள் தங்கியிருந்தார். இரஷ்யாவிலிருக்கும் வரலாற்றுப் புகழ்பெற்ற இடங்களைப் பார்த்தார். அங்கிருந்து ஜெர்மன் நாட்டிலுள்ள பெர்லின் நகர் வந்தடைந்தார்.

இட்லரோடு பேட்டி கண்டு படம் எடுத்துக் கொண்டார்! - பெர்லின் நகருக்கு வந்த ஜி.டி. நாயுடு ஜெர்மன் சர்வாதிகாரியான இட்லரைச் சந்திக்க விரும்பினார். அதற்கான முயற்சிகளிலே ஈடுபட்டும் சரியான சூழ்நிலை அமையவில்லை. பிறகு வேறு சிலர் மூலமாக நாயுடு முயற்சித்தபோது, ஹிட்லர் தனக்கு நேரமில்லை என்று கூறி விட்டார். ஆனாலும்,

ஹிட்லரைப் பார்க்காமல் பெர்லினை விட்டுப் போகக் கூடாது என்ற வைராக்கியத்தோடு, 'டாம்' என்ற புகழ் பெற்ற, உணவு மாளிகையில் திரு. நாயுடு தங்கியிருந்தார். அந்த இடத்திற்கு அரசியல்வாதிகள் அடிக்கடி வந்து தங்குவது உண்டு.

ஒரு நாள் டாம் என்ற அந்த உணவு மாளிகைக்கு, எதிர்பாராவிதமாக, நாசிக் கட்சித் தலைவரான அடால்ப் ஹிட்லரும், கோயரிங், லே.ஹெஸ். கோயபல்ஸ் ஆகியோ-ரும் வந்தார்கள்.

அதைக் கேள்விப்பட்ட திரு. நாயுடு, தனது அறையை விட்டு அவசரமாகப் புறப்பட்டு வரவேற்பு அறைக்குச் சென்று, இட்லர் தங்கியிருக்கும் அறை எண் எது என்று விசாரித்து அறிந்து, அங்கே சென்று, தன்னைப் பற்றிய விவரங்களை நேரிடையாகவே விளக்கிக் கூறி, பேட்டி ஒன்று கொடுக்கும்படி ஹிட்லரிடம் கேட்டார்.

ஹிட்லர், நாயுடு அவர்களின் உள்ளத்தைப் புரிந்து-கொண்டு அன்போடு உரையாடி - பேட்டியும் கொடுத்தார். திரு. நாயுடு பேசுவதை 'லே' என்பவர் ஹிட்லருக்கு மொழி பெயர்த்துக் கூறினார். இறுதியாக ஹிட்லரோடும், அவரு-டைய எல்லா நண்பர்களோடும் ஜி.டி. நாயுடு புகைப் படம் எடுத்துக் கொண்டு, ஹிட்லருடைய தனி உருவப் படத்தில் நாயுடு அவருடைய கையெழுத்தையும் பெற்றார்!

'டசல் டார்ப்' என்ற இடத்தில் நாயுடு அவர்கள் தங்கி-யிருந்தார். அப்போது செர்மன் படைப் பிரிவு ஒன்று அவ் வழியே சென்று கொண்டிருந்தது. திரு. நாயுடு அந்த நாசிப் படைகளைப் புகைப்படம் எடுத்தார். பெர்லின் நகரில் தங்கி-யிருந்தபோது செர்மன் அரசியலையும் தெரிந்து கொண்டார்.

டால் டாப் என்ற இடத்திலே இருந்த ஜி.டி. நாயுடு அவர்கள் மீண்டும் பெர்லின் நகரம் வந்தார். அங்கிருந்து, இயற்கை அழகு தவழும் சுவிட்சர்லாந்து நாட்டுக்குச் சென்-றார்.

சுவிஸ் நாட்டில் : நேரு - கமலா சந்திப்பு! - சுவிட்சர்-லாந்து கடிகாரத் தொழிலுக்குப் புகழ் பெற்ற நகரம். அங்கே தங்கியிருந்தபோது, கடிகாரம் செய்வதற்கான துணுக்கங்

களையும் நாயுடு தெளிவாகத் தெரிந்து கொண்டார். அங்கிருந்து கோடை கால சொகுசு உறைவிடமான பேடன்வீலர் என்ற நகருக்கு வந்து தங்கினார்.

பண்டித ஜவகர்லால் நேரு அவர்கள், தனது மனைவி கமலாவின் உடல் நலம் கவலைக்கிடமாக இருந்ததால், சிகிச்சை பெற்றிட, அப்போது பேடன் வீலர் நகருக்கு வந்திருந்தார்.

இதை அறிந்த ஜி.டி. நாயுடு அவர்கள், நேரு இருப்பிடத்தை அறிந்து கொண்டு அவரைச் சந்தித்தார். கமலா நேரு விடமும் நாயுடு உடல் நலம் விசாரித்தார். இருவரும் சிறிது நேரம் உரையாடி மகிழ்ந்தார்கள்.

7. ரேசண்ட் பிளேடை கண்டுபிடித்தார் அமெரிக்க -பிரிட்டன் வணிகப் போட்டி!

வேதியல் விஞ்ஞானி, உயிரியல் விஞ்ஞானி, பொறியியல் விஞ்ஞானி, இறையியல் விஞ்ஞானி, வாழ்வியல் விஞ்ஞானி மொழியியல் விஞ்ஞானி, அகிம்சையியல் விஞ்ஞானி, அரசியல் விஞ்ஞானி, தத்துவவியல் விஞ்ஞானி, அனுவியல் விஞ்ஞானி, பொருளில் விஞ்ஞானி, பேர்க்கலை விஞ்ஞானி, கொடையியல் விஞ்ஞானிகள் போன்ற பலர் உலகத்தில் தோன்றி, மனித குலத்துக்குரிய மகத்தான புரட்சிகளை, ஒவ்வொரு துறையிலும் வெவ்வேறு காலங்களில் அந்தந்த நாட்டில் அறிவுப் புரட்சிகளைச் செய்திருக்கிறார்கள்! உலக வரலாறு புரிந்தவர்கள் இந்த உண்மைகளை உணர்வார்கள்.

விந்தைகள் செய்த விஞ்ஞானிகள் பலர்! - இத்தகைய விஞ்ஞானத் துறைகளில் குறிப்பிடத் தக்க வித்தகர்கள் : ஜெகதீச சந்திரபோஸ், சர்.சி.வி. இராமன், பா.வே.யாளிக்க நாயகர், வள்ளல் பெருமான் இராமலிங்க அடிகள், திருவள்ளுருவர் பெருமான், தொல்காப்பியர், காந்தியடிகள், ஆப்ரகாம் லிங்கன், சாக்ரடீஸ், ஐன்ஸ்டின், மேடம் கியூரி, காரல்மார்க்ஸ், சாக்கியன், மாவீரன் நெப்போலியன், பாரி வள்ளல், டாஸ்கர சேதுபதி போன்ற மேலும் பலரை எடுத்துக்

காட்டாகக் கூறலாம்.

ஆனால், தொழிலியல் துறையில் ரூத்தர் போர்டு, டாடா போன்றவர்கள் தோன்றி வெற்றி பெற்றிருந்தாலும், தமிழ் நாட்டைப் பொறுத்தவரையில் ஒரு தொழிலியல் விஞ்ஞா- னியாகத் தோன்றி உலக அளவில் புரட்சி செய்த ஒருவர் உண்டென்றால், அவர் அதிசய மனிதர் ஜி.டி. நாயுடு ஒரு- வர்தான் என்றால் - இது இன வெறியால் கூறப்பட்டதன்று!

கோவை மாவட்டத்தில், உள்ள ஒரு குக்கிராமமான கலங்கல் என்ற ஒரு சிற்றூரில், வேளாண் குலத்தில் பிறந்து, கற்கை நன்றே கற்கை நன்றே - பிச்சை புகினும் கற்கை நன்றே என்ற கருத்துக்கு முரணாக ஆசிரியரிடம் நடந்து, குறும்புத் தனமே பிறவிக் குணம் என்ற குறும்புத்தனத்தில் தத்தளித்து, ஏதோ முயற்சியால் தமிழ், ஆங்கிலம் எழுதப் படிக்கத் தெரிந்துகொண்ட ஒரு சாதாரண மனிதரான ஜி.டி.நாயுடு என்பவர், அனைத்து நாடுகளும் போற்றிப் புக- ழத் தக்க ஓர் அதிசயமான ரேசண்ட் என்ற ஷேவிங் பிளே- டைக் கண்டுபிடித்திருக்கிறார் என்றால் - என்ன பொருள் அதற்கு? அறிவுப் புரட்சியால் விளைந்த ஒரு தொழிலியல் விஞ்ஞானப் புரட்சி அல்லவா இது?

ஒரு பிளேடால் 200 முறை முக சவரம் செய்யும் விந்தை! - இன்றைக்கு நாம் கடைகளில் சென்று ஒரு ரூபாய் கொடுத்து ஒரு பிளேடை வாங்குகிறோம். அந்த பிளேடால் இரண்டு ஷேவ் கூட செய்ய முடியாமல் கூர்மை மங்கி விடுவதைத் தினமும் காண்கிறோமா - இல்லையா? சிந்தித்துப் பாருங்கள்.

ஓரிரு வாரம்தான் அந்த பிளேடு முக மழித்தலுக்குப் பயன்படுவதைப் பார்க்கின்றோம். அந்த பிளேடுகள் எல்- லாமே ஏறக் குறைய மேனாட்டார் மூளையின் கண்டுபிடிப்பு ஆகும்.

ஆனால், ஒரு தமிழன், தமிழ் நாட்டைச் சேர்ந்த மனிதன் கண்டுபிடித்துள்ள ஒரு பிளேடு; 200 - முறைகளுக்கு மேலே முக மழித்தல் பணியைச் செய்கிறது என்றால், இது என்ன சாதாரணமான அறிவியல் கண்டுப்பிடிப்பா? சிந்திக்க

வேண்டும் நாம்.

ஒரு பிளேடு 200 முறைகள் முக சவரம் செய்வதோடு மட்டுமா பயன்படுகிறது? இரண்டு ஆண்டுகள் வரை அந்த பிளேடு கூர்மை மங்காமல், மழுங்காமல், மறையாமல் நிலைத்து நிற்கும் திறமும் தரமும் உள்ளதாக இருந்தது.

இதுவரை உலக அரங்கில் விற்பனைக்கு வந்த மிக உயர்ரக பிளேடுகளை விட, திரு. ஜி.டி. நாயுடு கண்டுபிடித்த பிளேடுதான் உலகிலேயே மிகவும் இலேசானது. அதாவது, ஓர் அங்குலத்தில் ஒன்றின் கீழ் இருநூறு பாகம் குறுக்கு அளவு உடையதாகும்.

அந்த பிளேடைக் கையிலெடுத்து, அதன் இரு முனைகளையும் வளைத்து இரு ஓரங்களில் கொண்டு வந்து பார்த்தாலும் அந்த பிளேடு ஒடியாது.

ஷேவிங் ஸ்டிக்கிலே இணைத்து ஷேவிங் செய்யப்படும் பிளேடு அன்று அது. மின்சாரத்தின் மூலம் பயன்படுத்தக் கூடிய பிளேடு ஆகும்!

இந்த பிளேடு ஏதோ குண்டுச் சட்டியிலே குதிரை ஓட்டு வானைப் போல என்பார்களே, அதுபோல உள்ளூர் மக்களால் மட்டுமே போற்றப்பட்டது அன்று.

உலகின் பல பகுதிகளில் நடைபெற்ற பொருட்காட்சிகளில் எல்லாம் வைக்கப்பட்டும், பயன்படுத்தப்பட்டும், முதல் பரிசும் பெற்ற பிளேடு திரு. ஜி.டி. நாயுடு அவர்களால் கண்டுபிடிக்கப்பட்ட முக சவர பிளேடு!

பிளேடு உருவான கதை இது! - இந்த பிளேடைக் கண்டுபிடிக்கும் அவசியம் அவருக்கு ஏன் வந்தது? அதன் விவரம் இதோ:

முதல் முறையாக, 1932-ஆம் ஆண்டின்போது ஜி.டி. நாயுடு உலகச் சுற்றுப் பயணம் செய்த நேரத்தில், முக சவரம் செய்துக் கொள்ள இலண்டன் நகரிலுள்ள ஒரு முடிவெட்டும் கடைக்குச் சென்று ஷேவிங் செய்து கொண்டார். முகம் மழித்த பின்பு எவ்வளவு கூலி என்று திரு. நாயுடு கடைக்காரனைக் கேட்டபோது, அவன் ஒரு ஷில்லிங் என்றான். அதன் மதிப்பு நமது நாட்டு நாணயத்திற்கு 75 புதுக் காசுக்-

குச் சமம். முக சவரத்துக்கு இது அதிகப்படியான கூலி தான் என்பதை உணர்ந்த திரு. நாயுடு, கடைக்காரருக்கு காசைக் கொடுத்து விட்டு வெளிவந்த அன்றே - ஒரு முடிவான எண்ணத்துக்கு வந்தார்.

இனிமேல் முக சவரம் செய்ய கடைக்குப் போகக் கூடாது. ஒன்று முகத்தை நாமே மழித்துக் கொள்ள வேண்-டும். இல்லை யானால் தாடியை வளர்த்துக் கொள்ள வேண்டும் - என்பதுதான் அந்த முடிவு.

தாடி வளர்த்துக் கொண்டால், அது நமது தொழிலுக்கு ஒத்து வராது என்றுணர்ந்த திரு. நாயுடு அவர்கள், தாமே ஷேவிங் செய்து கொள்வதே சிறந்தது என்ற முடிவுக்கு வந்-தார். அதன் விளைவு என்ன ஆயிற்று?

திரு. நாயுடுவின் அழகான சிவந்த முகத்தில் பிளேடுக-ளால் பல வடுக்கள், காயங்கள், ரத்தக் கசிவுகள் ஏற்பட்டு அதை முகத்தின் அழகைக் குன்றச் செய்துவிட்டன. கார-ணம் என்ன தெரியுமா இந்த நிலைக்கு?

முக சவரம் செய்திட நாயுடு பயன்படுத்திய பிளேடுகள் எல்லாமே - போதிய அளவுக்குக் கூர்மை இல்லை. அதனால்தான் முகத்தில் ரத்தக் காயங்களும், வடுக்களும் ஏற்பட்டுவிட்டன என்பதை உணர்ந்த திரு. நாயுடு; புதிய பிளேடு கண்டுபிடித்தால் என்ன என்று எண்ணி, அதற்கான செயலில் ஈடுபட்டார். தோல்வியே ஏற்பட்டது அவரது முயற்சிக்கு!

இலண்டன் நகரை விட்டு, நாயுடு செர்மன் நாட்டிலுள்ள பெர்லின் நகருக்குச் சென்று முக சவரம் செய்து கொள்ள அங்குள்ள ஒரு கடைக்காரனை எவ்வளவு பணம் என்று நாயுடு அவர்கள் கேட்டார். அவன் செர்மன் நாணய மதிப்-பில் ஒரு மார்க்கு என்றான்.

ஒரு மார்க்கு கூலி அதிகமானது என்று எண்ணிய ஜி.டி.நாயுடு, கடையை விட்டு வெளியேறி, செர்மன் பிளே-டுகளிலே சிலவற்றை வாங்கிப் பார்த்து, அவற்றில் மக்களால் மதிக்கப்படும் பிளேடு எதுவோ, அதனால் அவர் சவரம் செய்து பார்த்தார்.

பழையபடி அவர் முகம் ரத்தக் காயங்களாயின; அதனால் வடுக்களும் உண்டாயின. இவற்றை மீண்டும் முகத்தில் கண்ட நாயுடு அவர்கள், மறுபடியும் புதிய பிளேடு கண்டுபிடிக்கும் முயற்சியிலே ஈடுபட்டார் அவர்.

அதற்கான விஞ்ஞானச் சோதனைகளை நாயுடு அவர்கள், பெர்லின் சோதனைச் சாலைகளிலே சென்று ஆராய்ச்சி நடத்தினார்.

ஹெயில் பிரான் என்ற ஒரு நகரம், ரசாயனப் பொருட்களுக்குப் புகழ்பெற்ற இடமாகும். அங்கே "கோபர் - ஆப் டெல்டாஸ்" என்ற பெயருடைய ஒரு விஞ்ஞானியின் சோதனைச் சாலை இருந்தது.

அந்தத் தொழிற் சாலையின் நிருவாகிகளை நாயுடு அணுகி, 'நான் ஒரு விஞ்ஞான சோதனை நடத்த விரும்புகிறேன். எனக்கு ஒரு சிறு இடம் ஒதுக்கித் தரமுடியுமா என்று கேட்டார்.

அதற்கு அந்த நிருவாகம் அவருடைய முயற்சியை ஏற்றுத் தனி இடம் ஒன்றை உருவாக்கி, அந்த அறையில் விஞ்ஞான சோதனைக்கு வேண்டிய எல்லா வசதிகளையும் செய்து கொடுத்தது.

தனது பிளேடு கண்டுபிடிப்பின் முதல் முயற்சியை, அந்த கோயர் - ஆஸ்பெல்டரிஸ் தொழிற் கூடத்திலே தான் ஜி.டி. நாயுடு துவக்கினார்.

சோதனை மேல் சோதனைகளை நடத்திக் கொண்டே இருந்தார். இரவும் - பகலும் அதே சோதனையிலேயே தொடர்ந்து ஈடுபட்டார். சில நாட்கள் இவ்வாறு அவர் இடைவிடாமல் செய்த சோதனைகளால் வெற்றியைப் பெற்றார்.

முயற்சி அவருக்கு மெய்வருந்தப் புகழ்க் கூலியைக் கொடுத்தது. உயர்ந்த ரகமான, தரமான ஒரு பிளேடைக் கண்டுபிடித்து, அதற்கு "ரேசண்ட் பிளேடு" என்று பெயரிட்டார்.

விஞ்ஞான அறிவு பெற்ற பல வித்தகர்கள் நடமாடும் தொழிற்சாலை அது என்பதால், அங்கே தினந்தோறும் வந்து

போகும் அறிவியல் ஆய்வாளர்கள், ஜி.டி. நாயுடுவின் ரேசண்ட் பிளேடு கண்டுபிடிப்பை வெகுவாகப் பாராட்டினார்கள்.

பிளேடின் பெயரையும், பிளேடையும் ஜெர்மன் நாட்டிலேயே பதிவு செய்து கொள்ளுமாறு, பாராட்டிய பண்பாளர்கள் திரு. நாயுடு அவர்களிடம் வற்புறுத்திக் கூறினார்கள்.

அவர்கள் எண்ணம் சரியானதுதான் என்று நம்பிய ஜி.டி. நாயுடு அவர்கள், 600 மார்க்குகள் கட்டணம் கட்டித் தனது பிளேடை ஜெர்மன் நாட்டிலே பதிவு செய்தார்.

ரேசண்ட் பிளேடு மின்சார சக்தியால் இயங்கக் கூடியது. பிளேடுக்குரிய மோட்டாரை செர்மன் நாட்டிலும், கைப்பிடியை சுவிட்சர்லாந்து நாட்டிலும் திரு. நாயுடு தயாரித்தார் என்பது குறிப்பிடத்தக்க சம்பவமாகும்.

பிளேடு தயாரிப்பதற்குரிய உயர்ந்த ரக இரும்பை நார்வே நாட்டிலே இருந்து அவர் பெற்றார். பத்தாயிரம் பிளேடுகளை முதன் முதலாக உற்பத்தி செய்தார். அவற்றை உலகம் எங்குமுள்ள தனது நண்பர்களுக்கும், தெரிந்தவர்களுக்கும் சில வற்றை அனுப்பி வைத்தார். நன்றாக அந்தப் பிளேடு களை விளம்பரம் செய்யுமாறு நாயுடு அவர்களைக் கேட்டுக் கொண்டார்.

இரண்டாம் முறை நாயுடு உலகச் சுற்றுப் பயணம் செய்த போது தான் கண்டுபிடித்த பிளேடுகளை விளம்பரம் செய் திட, உலகப் புகழ் பெற்ற 'டைம்ஸ்' என்ற பத்திரிக்கை அலுவலகத்துக்குள் சென்றார்.

இலண்டன் நகரிலுள்ள அந்தப் பத்திரிக்கையில் வரி விளம்பரம் தொடர்ந்து ஒரு மாதத்துக்குச் செய்திட ஆயிரம் பவுன்கள் ஆகும் என்று அந்தப் பத்திரிக்கை நிர்வாகிகள் கூறினார்கள். அதைக் கேட்டதும் அவர் விளம்பரம் தேவை யில்லை என்று திரும்பி வந்துவிட்டார்.

இலண்டன் நகரில் உள்ள கடைக்காரர்களை நாயுடு அணுகி, தனது பிளேடுகளை அவரவர் கடைகளின் காட்சி அறைகளில் மக்களின் பார்வைக்கு வைக்குமாறு கேட்டுக் கொண்டதற்கு அவர்கள் மறுத்துவிட்டார்கள்.

பிறகு, சில்லறைக் கடைக்காரர்களைப் பார்த்து, பிளேடு ஒன்றை 15 ஷில்லிங்குக்குத் தருவதாகவும், அவற்றை விற்றுக் கொடுக்கும்படியும் கேட்டார்; ஒரு சிலர் நாயுடு கூறியதைக் கேட்டுக் கொண்டு அவ்விதமே செய்தார்கள்.

சில நாட்களுக்குப் பிறகு, சிறு கடைக்காரர்கள் கடை-களில் பிளேடுகள் - நன்றாக, பரபரப்பாக விற்பனையா-னதால், நாயுடு பிளேடுகளுக்கு அங்கே நல்ல மரியாதை உண்டானது. இலண்டன் சிறு கடைகளில் நாயுடு அவர்க-ளின் ரேசண்ட் பிளேடுகளுக்கு நல்ல விற்பனைகள் பெருகி, பிளேடுகளுக்கு கிராக்கி உருவானதால், பிளேடு ஒன்றுக்கு 10 ஷில்லிங் விலையை ஏற்றினார். ஒரு பிளேடு 25 வில்-லிங் விலைக்கு அவை விற்கப்பட்டன. இரண்டே மாதத்தில் இலண்டனில் மட்டும் 7500 பிளேடுகள் போட்டிப் போட்டு விற்பனையாயின.

அதே ரேசண்ட் பிளேடுகள் இந்தியா விற்பனைக்கும் வந்தன. ஒரு பிளேடு விலை 9 ரூபாய்க்கு விற்றது. இவ்-வாறு நாயுடு பிளேடுகள் இலண்டன் கடைகளிலே போட்டிப் போட்டு விற்பனையானதால், ஏற்கனவே விற்றுக் கொண்-டிருந்த பழைய நிறுவனங்களது பிளேடுகளுக்கு எல்லாம் செல்வாக்குக் குறைந்துவிட்டது. இதனால் வியாபாரிகளுக்கு இடையே பொறாமை ஏற்பட்டது, அவர்கள் நாயுடு பிளேடு-களின் விற்பனையைக் கண்டு அஞ்சினார்கள்.

எப்படியாவது நாயுடு பிளேடுகளின் விற்பனைச் செல்-வாக்கைக் குறைக்க வியாபாரிகள் நினைத்தார்கள், முடி-யவில்லை. நாளுக்கு நாள் ரேசண்ட் பிளேடுகளின் விற்-பனையே பெருகின.

எனவே, பழைய நிறுவனக்காரர்கள் - தங்களது பிளே-டுகளின் விற்பனையைப் பெருக்கவும், இழந்த விற்பனைச் செல்வாக்கை மீண்டும் மக்களிடம் நிலை நாட்டிடவும், நாயுடு பிளேடுகள் விற்பனையைத் தகர்க்கவும் திட்டமிட்-டார்கள்.

போலி பிளேடுகள் போட்டிக்கு வந்தன! - இலண்டன் நகரத்திலே உள்ள ஒரு பெரிய இங்லிஷ்காரர் நிறுவனம்,

'டெலி ரேசர் - Tele razor' என்ற பெயரில் ஒரு புதிய பிளேடைத் தயாரித்துக் கடை வீதிகளுக்கு அனுப்பி விற்கச் செய்தார்கள்.

பிளேடு ஒன்றின் விலை 15 ஷில்லிங்குக்கு விற்றிட அந்தப் புதிய நிறுவனம் ஏற்பாடு செய்தும்கூட, நாயுடு அவர்களின் பிளேடுகள் விற்பனைச் செல்வாக்கை அது உடைத்தெறிய முடியாமல் தோற்றுவிட்டது. இதிலும் நாயுடுவே இலண்டன் வியாபாரிகளைத் தோற்கடித்து விட்டார். விலையைக் குறைத்து விற்றிட்ட புதிய நிறுவனமும் நாளடைவில் மூடப்பட்டு விட்டது.

இலண்டனில் தனது பிளேடுகளுக்கு நல்ல விற்பனைக் கிராக்கியை உருவாக்கிய ஜி.டி. நாயுடு அமெரிக்கா சென்றார்.

அமெரிக்காவிலும் நாயுடு பிளேடு பரபரப்பு விற்பனை! - நாயுடு அவர்கள், அமெரிக்கா போவதற்கு முன்பாகவே, அவரது பிளேடுகள் அமெரிக்கர்களிடம் நல்ல செல்வாக்கோடு விற்பனையாகிக் கொண்டிருந்ததால், அமெரிக்கா சென்ற நாயுடுவை அங்கிருந்த பெரிய நிறுவனங்கள் சில அவரைப் பாராட்டிப் பெருமைப்படுத்தின.

அமெரிக்க வணிகர்கள் ஜி.டி. நாயுடுவின் விஞ்ஞான விந்தையைப் பாராட்டியதோடு நில்லாமல், உலகம் புகழும் ரேசண்ட் பிளேடு விற்பனை உரிமையைத் தங்களுக்கு வழங்க வேண்டு மென்று கேட்டார்கள்.

அமெரிக்க வியாபார நிறுவனங்கள் எப்படியாவது ரேசண்ட் பிளேடு விற்பனை உரிமையைப் பெற்றுவிடுவது என்று, ஒன்றுக் கொன்று போட்டியிட்டு நாயுடுவை அணுகின.

ரேசண்ட் பிளேடு உரிமைப் போட்டி! - அந்த நிறுவனங்களில் பெரிய நிறுவனம் ஒன்று விக்டர் என்ற அமெரிக்க வியாபார நிறுவனம். அதன் முதலாளியான விக்டர் என்பவர், ஜி.டி. நாயுடு தனது நிறுவனத்தில் பணி செய்ய விருப்பப்பட்டால், அவருக்கு மாதம் 3000 டாலர், அதாவது இந்திய நாணய மதிப்பின்படி 15,000 ரூபாய் மாதச் சம்பளம்

தருகிறேன்; வேலைக்கும் வைத்துக் கொள்கிறேன் என்ற வாக்குறுதியை வழங்கி, பணியில் சேருமாறு நாயுடுவைப் பார்த்துக் கேட்டார். அதை திரு. ஜி.டி. நாயுடு மறுத்து விட்-டார்.

தமிழ் நாட்டில் யு.எம்.எஸ். என்ற மோட்டார் கூட்டுறவு நிறுவனத்தை உருவாக்கி, 200 பேருந்துகளுக்கு மேல் நடத்-துபவர் ஜி.டி. நாயுடு. ஆயிரக் கணக்கானத் தொழிலாளர்கள் அவரது அதிகாரத்தில் பணி புரிகிறார்கள்.

உடல் நலமற்ற ஒரு தொழிலாளி பணிக்கு வந்து வேலை செய்தால், ஒரு நாளைக்கு அவனுக்குப் பத்து ரூபாய் அபராதம் என்று கட்டளையிட்டு, தொழிலாளர் நலம் பேணி வரும் ஓர் அதிசய முதலாளியான ஜி.டி.நாயுடுவை, அமெ-ரிக்க முதலாளியான விக்டர் என்பவர் பணியில் சேர ஆசை காட்டினால் சேருவாரா ஜி.டி. நாயுடு?

அதனால், அந்த அமெரிக்க முதலாளியின் அன்பான வாக்குறுதி அழைப்பை ஏற்க நாயுடு மறுத்து விட்டார். இதைக் கண்ட அமெரிக்க வணிக அதிபர் விக்டர் அதிர்ச்சி அடைந்தார்.

பிளேடு உரிமை பெற ரூ. 15 லட்சம் பெற மறுப்பு! - இதற்கடுத்து, மற்றொரு அமெரிக்க முதலாளி ஜி.டி.நாயுடு விடம் பேசும்போது, ரேசண்ட் பிளேடு உரிமையைத் தனது நிறுவனத்துக்கு உரிமையாக்கினால், "மூன்று லட்சம் டாலர் அதாவது, 15 இலட்சம் ரூபாயை விலையாகக் கொடுக்கத் தயார்" என்று கேட்டுக் கொண்டார். அதையும் திரு. ஜி.டி. நாயுடு ஏற்க மறுத்து விட்டார்.

வேறொரு அமெரிக்க முதலாளி, ஜி.டி. நாயுடுவிடம் உரையாடியபோது, "எனது சொந்த ஊரான சிகாகோ என்ற நகரத்தில், உமது ரேசண்ட் பிளேடு தொழிற்சாலையை உரு-வாக்குகிறேன். அங்கே ரேசண்ட் பிளேடுகளைத் தயாரிப்-போம். விற்பனையில் கிடைக்கும் மொத்த லாபத் தொகை-யில் பாதி அளவை, அதாவது 50 சதவிகிதத்தை உமக்குப் பணமாகக் கொடுக்கின்றேன்" என்று தெரிவித்தார். அதை-யும் ஜி.டி. நாயுடு அவர்கள் சிரித்துக் கொண்டே மறுத்து

விட்டார்.

இவ்வாறு அமெரிக்க முதலாளிகள் ஒவ்வொருவராகப் போட்டிப் போட்டுக் கொண்டு வலைவீசி, ஆசை காட்டி, ஜி.டி. நாயுடுவை பணிய வைக்க முயன்றார்கள். பிளேடின் உரிமையை விலைக்கு வாங்கப் போட்டிப் போட்டார்கள் என்றால், அந்த பிளேடின் தரம், திறம், செல்வாக்கு, மதிப்பு, மரியாதை எப்படிப் பட்டதாக இருந்திருக்க வேண்டும் என்பதை நாம் இப்போதும் எண்ணிப் பார்க்க வேண்டியவர்களாக இருக்கின்றோமில்லையா?

இவ்வளவு பெரிய பொருட் குவியலை; அந்த ரேசண்ட் பிளேடு அமெரிக்காவில் ஜி.டி.நாயுடுவின் காலடியில் குவித்த போதும்கூட, அவற்றை எல்லாம் திரு. நாயுடு துச்சமெனத் துக்கி எறிந்தார் என்றால்; அவருடைய மன வளம் எப்படிப்பட்ட செம்மாப்புடையதாக இருக்க வேண்டும் என்று நாம் எண்ணிப் பார்க்க வேண்டாமா?

திரு. ஜி.டி.நாயுடு ஏன் அவற்றை எல்லாம் தூக்கி ஏறிந்தார் தெரியுமா? இங்கேதான் அவருடைய நாட்டுப் பற்றை, தேசப் பக்தியை நாம் சிந்திக்க வேண்டியவர்களாக இருக்கின்றோம். ஏன் தெரியுமா?

தனது விஞ்ஞான வருமானம் பாரத பூமிக்கே பயன்பட ஆசை! - இந்தியன் ஒருவனால் கண்டுபிடிக்கப்பட்ட தங்க நிகர் விஞ்ஞானப் புதுமையை, தமிழன் ஒருவனால் உருவாக்கப்பட்ட அறிவியல் புதையலை, வேறொரு நாட்டார் அனுபவிப்பதா?

அந்த விஞ்ஞான வித்தகம் தமிழ் மண்ணிலேயே தயாராக வேண்டும்; உற்பத்தி செய்யப்பட்ட அந்த ரேசண்ட் பிளேடுகள் தமிழ் மண்ணிலே இருந்து, பாரதப் பூமியிலே இருந்து ஏற்றுமதியாகி உலகெங்கும் கொடி கட்டிப் பறந்து, அதன் பெருமை, செல்வாக்கு, மதிப்பு, மரியாதை, புகழ் அனைத்தும் இந்திய மண்ணுக்கே வந்தடைய வேண்டும் என்ற தேச பக்தி உணர்வால்; அமெரிக்கர்களது பணக் குவியல் பேராசையைத் துக்கி எறிந்தார் நாயுடு அவர்கள்.

அதுமட்டுமல்ல காரணம், மற்றுமொரு காரணமும் அவருடைய உள்ளத்தில் ஆல்போல் தழைத்து அருகு போல வேரூன்றி இருந்தது. என்ன அது? இந்தியன் ஒரு- வனால், தமிழன் ஒருவனால் கண்டுபிடிக்கப் பட்ட அந்த ரேசண்ட் பிளேடு உற்பத்தி வாணிகத்தில் கிடைக்கும் லாபத் தொகை எல்லாம். இந்திய மண்ணுக்கே, தமிழ் பூமிக்கே பயன்பட்டாக வேண்டும் என்பதே அவரது தணியாத ஆசையாக நெஞ்சிலே படர்ந்திருந்தது.

அந்த தணியாத வேட்கையை நிறைவேற்றிட ஜி.டி. நாயுடு அவர்கள் பலமுறைகளில், பல வழிகளில் முயன்று பார்க்க, இரவும் - பகலும் முயற்சி செய்து வந்தார்.

நாயுடு 'ரேசண்ட்' பிளேடு இந்தியாவில் தோன்றாதது ஏன்? - ஜி.டி. நாயுடுவின் இந்த நினைத்தற்கு அரிய நிகழ்ச்சிக்கு, அப்போது சென்னை மாநில ஆட்சியின் செய- லாளர்களாகப் பணியாற்றிக் கொண்டிருந்த எம்.ஏ.சீனிவா- சன், எஸ்.வி.இராமமூர்த்தி என்பவர்கள் - அதற்கான பணி- களில் உதவி செய்திட முன் வந்தார்கள்.

ஆனால், தில்லியிலே உள்ள அரசு அவர்களுக்கு உதவிட முன்வராமல் இருந்துவிட்டது ஒரு காரணம். என்- றாலும், நார்வே நாட்டில் கிடைத்திட்ட உயர் ரகம் இரும்பு இந்தியாவில் கிடைக்காததும் - மறு காரணமாக அமைந்தது.

அதனால், இன்று வரை ரேசண்ட் பிளேடு தயாரிப்பகம் இந்தியாவிலும், தமிழ் நாட்டிலும் அமைக்கப்படாமலே போய் விட்டது. இனியாவது ரேசண்ட் பிளேடு தொழிற்சாலை தோன்றுமா இந்திய மண்ணில்?

8. தேர்தலில் ஓட்டுப் பதிவு மெஷின்! எடிசன் கைவிட்டார் நாயுடு கண்டார்!

இந்திய நாடு சுதந்திரம் பெற்றதற்குப் பின்பு, நமது நாடு மக்களாட்சி நாடாக 1952-ஆம் ஆண்டு மாறியது. இந்திய நாடாளு மன்றத்திற்கும், மற்ற மாநில அரசுகளுக்குமுரிய சட்டமன்றத் தேர்தல்கள் 1952-ஆம் ஆண்டு முதல் நடை-

பெற்று வருகின்றன.

Vote Recording Machine - ஏன்? - இந்த தேர்தல் முறைகளில் எல்லாம், வாக்குச சீட்டுகளில் அவரவர் சின்னங்களுக்கு எதிரே முத்திரை குத்தப்பட்டு, அவற்றை மடித்து வாக்குப் பெட்டிகளில் போடப்படுகின்றன.

பின்பு அவை, அரசு அலுவலர்களால், பெட்டிகளில் உள்ள சீல்களை உடைத்து, தேர்தலில் போட்டியிடும் வேட்-பாளர்கள் முன்னிலையில் மேசைகள் மீது வாக்குச் சீட்டுக்களைக் கொட்டி, அவற்றைச் சின்னங்கள் வாரியாக அடுக்கி, அதிகாரிகளால் எண்ணப்பட்டு, தேர்தல் முடிவுகளில் அதிகமான வாக்குகள் பெற்றவர்களை வெற்றி பெற்றவர்களாகத் தேர்தல் ஆணையத்தால் அறிவிக்கப்படுகிறார்கள்.

ஆட்களைக் கொண்டு வாக்குகளை எண்ணும் தேர்தல் முறை இன்று வரையிலும் இந்தியாவில் நடந்து கொண்டுதான் இருக்கிறது.

தேர்தல்களில் இவ்வாறு வாக்குகள் எண்ணப்படும் போது, மோசடிகள் நடப்பதாகக் கூறப்பட்டு, அந்த மோசடிகள் நீதிமன்றங்களுக்கும் சென்று கொண்டிருக்கின்றதை நாம் இன்றும் பார்க்கிறோம்.

இத்தகையத் தேர்தல் மோசடிகள் ஒரு மக்களாட்சியின் ஜனநாயகத்தில் நடைபெறக் கூடாது என்ற எண்ணத்தைப் பற்றி ஜி.டி. நாடு தனது வாழ்நாள் காலத்திலேயே சிந்தித்து, தேர்தலில் மக்கள் வாக்களிக்கும்போது, அந்த வாக்குகளைப் பதிவு செய்யும் இந்திரம் ஒன்றை , Vote Recording Machine-ஐ கண்டுபிடித்தார்.

அந்த வாக்குப் பதிவு இயந்திரத்தை மக்கள் வாக்களிக்கும் போது பயன்படுத்தினால், தேர்தலில் நடக்கும் மோசடிகளைத் தவிர்க்கலாம் என்பதே ஜி.டி. நாயுடு அவர்களுடைய தேர்தல் முறை நோக்கமாகும்.

எடிசன் கை விட்டார் நாயுடு கண்டு பிடித்தார்! - அமெரிக்கத் தேர்தல்களில் இப்படிப்பட்ட ஓர் இயந்திரத்தைக் கண்டுபிடித்துப் பயன்படுத்திட, விஞ்ஞானி தாமஸ் ஆல்வாய் எடிசன் அரும்பாடுபட்டு முயற்சிகளைச் செய்தார்.

ஆனால், அமெரிக்க செனட் சபை உறுப்பினர்கள் சிலர், அவரை அப்போது பகிரங்கமாகவே கேலியும் – கிண்டலும் செய்தார்கள். அதனால், அந்தத் தேர்தல் வாக்குப் பதிவு இயந்திரக் கண்டுபிடிப்பு முறையை, முயற்சியை அந்த விஞ்ஞானி கைவிட்டு விட்டார்.

அமெரிக்க நாட்டிற்கு மும்முறை பயணம் செய்த ஜி.டி. நாயுடு, எடிசனால் கைவிடப்பட்ட அந்த வாக்குப் பதிவு இயந்திர முயற்சியைப் பற்றிக் கேள்விப்பட்டார்.

அவர் இந்தியா திரும்பியதும், தமிழ்நாட்டில் அந்த இயந்-திரத்தைத் தனது அனுபவத்தாலும், கேள்வி முறையாலும் உணர்ந்து அதற்கான விஞ்ஞான முயற்சியில் ஈடுபட்டார்.

வாக்கு அளிக்கும்போது, மக்களே தங்களது வாக்குகளை, அவர்கள் விரும்பும் வேட்பாளர்கள் சின்னத்தில் வாக்குக-ளைப் பதிவு செய்யும் இயந்திரத்தைக் கண்டுபிடித்தார்.

அந்த வாக்குப் பதிவு இயந்திரத்தை ஜி.டி.நாயுடு அவர்-கள், சென்னையிலுள்ள பூங்கா நகரில் நடந்த பொருட்காட்சி அரங்குக் குள்ளே மக்கள் பார்வைக்கு வைக்கப்பட்டு, அந்த இயந்திரத்தை இயக்கிக் காட்டினார். அதைக் கண்ட அதி-காரிகள், அறிஞர்கள், மக்கள், ஜி.டி.நாயுடுவை வியந்து பாராட்டி மகிழ்ந்தார்கள்.

அத்தகைய வாக்குப் பதிவு இயந்திரத்தை இந்திய நாட்-டின் மத்திய ஆட்சியோ, தமிழ்நாட்டை ஆளும் அரசோ இன்று வரைப் பயன்படுத்த வில்லை. என்ன காரணமாக இருக்கும்? தமிழின் அறிவை தமிழனே அவமதிக்கும், அலட்சியப்படுத்தும் காலமாக இருந்ததே அதற்குரிய கார-ணமாகும். அந் நிலை இல்லையென்றால் ஜி.டி.நாயுடுவின் இயந்திரம் மக்கள் நன்மைக்காக, சிக்கன செலவுக்காகப் பயன்படுத்தப்பட்டு இருக்கும் அல்லவா?

தேர்தல் மோசடிகள் என்ற பெயரில் வேட்பாளர்களது வழக்குகள் நீதிமன்றங்களுக்குச் சென்றிடும் நிலை உருவாகி இருக்காது தானே! அதனால் பல கோடி பணம் அவரவர்க-ளுக்கு வீண் செலவு ஏற்பட வேண்டிய அவசியம் இராமலி-ருந்திருக்கலாம் இல்லையா?

என்ன காரணத்தாலோ ஜி.டி. நாயுடு அவர்களின் வாக்-குப் பதிவு இயந்திரம், அப்போதைய இந்திய அரசுகளாலும், தேர்தல் ஆணையத்தாலும் பயன்படுத்தப் படாமல் போய்-விட்டது. அது நாட்டின் துர்வினைப் பலனாகவே அமைந்து விட்டது.

தேர்தல் அதிகாரியாவது நாயுடு பெயரை வைத்தாரா? - ஆனால், இந்த 2004-ஆம் ஆண்டின்போது, ஜி.டி. நாயுடு-வுடைய வாக்குப் பதிவு இயந்திரம், அவருடைய பெயரைக் கூறாமலேயே தானாகவே தேர்தலில் நுழைந்து வருவதற்கு இந்தியத் தேர்தல் ஆணையம், குறிப்பாக பெரிய தேர்தல் அதிகாரியாக இருக்கும் லிங்டோ அவர்கள், அந்த அரிய செயலிலே ஈடுபட்டு வெற்றியும் பெற்று வருவதை நாடு அதிசயமாகப் பார்த்து வருகின்றது. வாழ்க ஜி.டி. நாயுடு அவர்களுடைய வாக்குப் பதிவு இயந்திரத்தின் அவதாரம் என்று வாழ்த்துவோமாக!

அறிவியலின் அதிசய மனிதரான ஜி.டி. நாயுடு, ஒரு ஷேவிங் ரேசர் பிளேடு கண்டுபிடித்ததின் விஞ்ஞான விந்-தையால் இலண்டன், அமெரிக்க மா நகர்களையே விற்-பனைத் துறையில் ஒரு கலக்கு கலக்கி; இந்தியாவின் பெயரையும்,. தமிழ் இனத்தின் பெருமையையும் நிலை நாட்-டினார்!

அதுபோலவே, அதே ரேசண்ட் பிளேடு வணிக உரி-மையைக் கேட்டு, அமெரிக்க வாணிகர்கள் ஜி.டி.நாயுடுவின் காலடியில் குவித்த டாலர்களை எல்லாம் துச்சமாகத் தூக்கி எறிந்து, இந்தியன் விஞ்ஞானம் இந்திய மக்களுக்கே உரி-மையே தவிர, பண ஆசை வல்லர்களுக்கு அன்று என்பதை அமெரிக்காவிலே நிலை நாட்டிய அதிசய மனிதராக இந்-தியா வந்து தமிழ் மண்ணைத் தொட்டு வணங்கினார்.

ஜி.டி. நாயுடுவின் மற்ற கண்டுபிடிப்புகள்! - இத்தகைய செயற்கரிய செயல்களைத் தனது சொந்த அறிவாலும், அனுபவத்தாலும் கண்டுபிடித்த விஞ்ஞானி ஜி.டி.நாயுடு, தேர்தலின்போது மக்கள் வாக்குப் பதிவு செய்யும் இயந்தி-ரத்தையும் கண்டுபிடித்து, அதுவும் தாமஸ் ஆல்வாய் எடி-

சனால் கைவிடப்பட்ட அறிவியல் கருவியைக் கண்டுபிடித்து, அதைச் சென்னைப் பொருட்காட்சி சாலையில் இயக்கியும் காட்டினார் என்றால் - சாதாரண அறிவியல் பணிகளா இவை? இவை மட்டுமா அவர் கண்டுபிடித்தார்? வேறு சில- வும் உள. அவை எவை? காண்போம்.

மோட்டார் வண்டிகளுக்காக ஒரு கூட்டுறவு அமைப்பை யு.எம்.எஸ். என்ற பெயரில் துவக்கிய சிறிது காலத்திற்குள், தனது அறிவியல் அறிவால் ஓர் அதிசய முறையைக் கண்- டார்! என்ன அது?

ஜி.டி. நாயுடு அவர்களின் அந்த முறையை மோட்டார் வண்டியின் ரேடியேட்டரில் பயன்படுத்துவதன் மூலம், மறு- முறை தண்ணீர் ஊற்ற வேண்டிய அவசியமே இல்லாமல், சில நூறு மைல்களுக்கு மோட்டாரை ஓட்டலாம் என்பதே அந்த முறை.

இதற்குப் பிறகு, புகைப் படக் கருவிகளுக்கான ஒரு புதிய பகுதியை ஜி.டி.நாயுடு கண்டுபிடித்து, அதற்கு ஒளி சமனக் கருவி, அதாவது Distance Adjuster என்று பெயரிட்- டார்.

இந்த ஒளி சமனக் கருவியினால் என்ன பயன் என்று கேட்கிறீர்களா? புகைப்படம் எடுக்கும் கேமரா கருவியில், சாதாரணமாக - தற்போதுள்ளபடி ஒரு பொருளைத் துரத்தில் இருந்து படம் எடுத்தால், அது படச் சுருளில் சிறிய அளவில்தான் பதிகின்றது.

ஏற்றத் தாழ்வு ஏற்படா ஒளி சமனக் கருவி - ஆனால், அதைக் கண்ணாடிக்குப் பக்கத்தில் வைத்துப் பார்த்தால், எடுக்கப்பட்ட பொருளின் உருவம் திரையில் விழும் போது பெரியதாகத் தெரிகின்றது. இது போன்ற ஏற்றத் தாழ்வுகள் ஏற்படக் கூடாது எனும் வகையில், ஒரே மாதிரியாக இருக்- கச் செய்வதற்குத்தான் ஜி.டி.நாயுடு இந்த 'ஒளி சமனக் கருவி'யைக் கண்டுபிடித்தார். இக் கருவி மூலம் ஏற்றத் தாழ்வுகள் ஏற்படா.

சாலைகளில் பேருந்துகள் ஓடும்போது, பேருந்துகளின் அதிர்ச்சியைச் சோதிக்க முடியும். அதற்கான ஓர் இயந்-

திரம்தான் ஜி.டி.நாயுடு கண்டுபிடித்துள்ள அதிர்ச்சியைச் சோதிக்கும் கருவி. அதாவது, Vibrat Testing Machine ஆகும்.

இவைகளோடு இராமல், ஷேவிங் பிளேடுகளைத் தயாரிப் பதற்கான இயந்திரம், கனி வகைகளைச் சாறாகப் பிரிக்கும் கருவி, இரும்புச் சட்டங்களில் உள்ள நுண்ணிய வெடிப்பு- களைக் கண்டுபிடிக்கும் கருவி, அதாவது Magro Plux Testing Unit, கணக்குப் போடும் கருவி calculating Machine, தொலை தூரப் பார்வைக்கான கண்ணாடி — Lence, குளிர்பதனக் கருவி - Refrigerator, ஒலிப் பதி- வுக் கருவி Recording Machine, வானொலிக் கடிகா- ரம் - Radio Clock, காபி கலக்கி வழங்கும் கருவி, பணம் போட்டால் தானே பாடும் கருவி - Slot Singing Machine, பேருந்துகள் நிலையத்திற்கு வருகின்ற - புறப்- படுகின்ற காலத்தைக் காட்டும் கருவி, துணிகளைச் சலவை செய்யும் கருவி, மாவு அரைக்கும் கிரைண்டர்கள், வானொ- லிப் பெட்டி போன்ற கணக்கற்ற பல கருவிகளை, மக்களது அன்றாட வாழ்க்கைக்கும், குடும்பங்களுக்கும் பயன் படக் கூடிய வகையில் ஜி.டி.நாயுடு அவர்கள் கண்டுபிடித்து இருக்கின்றார்.

அவற்றுக்கெல்லாம் போதிய விளம்பரங்களே இல்லாமல், கண்டுபிடிக்கப்பட்ட நிலைகளோடு வீணாகக் கிடக்கின்றன. ஜி.டி. நாயுடு அவர்களது தொழிலியல் விஞ்ஞானக் கண்- டுபிடிப்புக்களை அவர் உயிரோடு வாழ்ந்தக் காலத்திலேயே பயன்படுத்தப்படாமல் போய் விட்டன.

விளம்பரமே இல்லாமல் வீணாக்கப்பட்ட கருவிகள்! - இங்கிலாந்துக்காரர்களும், அமெரிக்கர்களும் ரேசண்ட் பிளேடு அருமையை, பெருமையை உணர்ந்து போட்டிப் போட்ட அறிவோடு - எந்த இந்தியனும் ஜி.டி. நாயுடுவோடு மோதத் தயாராக இல்லை என்பதே உண்மையாக உள்ளது.

அடுத்து வரும் தொழிலியல் துறைத் தலைமுறைகள், இளைஞர்களது தொழிலறிவு, தக்க முறையில் ஜி.டி. நாயுடு அவர்களது தொழிற் கண்டுபிடிப்புகளைப் பயன்படுத்திக்

கொள்ளுமானால், வருங்கால இந்தியா தொழில் மயமாகத்
திகழும் என்ற உறுதியை அறுதியிட்டு இறுதியாகக் கூற
முடியும் என்பதே தமிழர்கள் அவாவாகும்.

9. அமெரிக்கா சென்ற தொழில் பிரமுகர் பொறியியல் மேதையாகத் திரும்பினார்!

தமிழ் நாட்டின் தொழில் பிரமுகர் என்று புகழ்பெற்றவர்
ஜி.டி. நாயுடு. ஏற்கனவே, இரண்டு முறை உலகம் சுற்றும்
வல்லுநராக வலம் வந்த அவர், தற்போது மூன்றாம் முறை-
யாக உலகைச் சுற்றிடப் புறப்பட்டார் ஜி.டி. நாயுடு.

சிறுவனாக இருந்தபோதும் சரி, வாலிபனாக அவர்
இருந்த போதும் சரி, ஊர் சுற்றிச் சுற்றிப் பழக்கப்பட்ட
துரைசாமி, ஜி.டி.நாயுடுவாக மாறியபோது, உலகையே முரு-
கப் பெருமான் மாங்கனிக்காகச் சுற்றி வந்த புராணக் கதை
போல, நாயுடு அவர்கள் மூன்றாவது முறையாக, 1939-ஆம்
ஆண்டில் மீண்டும் உலகை வலம் வரப் புறப்பட்டார்.

ஊரார் பணத்தில் உலகைச் சுற்றாதவர்! - உலகை வலம்
வந்தார் என்றால், ஏதோ ஊரார் பணத்தில் ஜி.டி. நாயுடு
படாடோபமாகப் பவனி வந்தார் என்பதல்ல பொருள். தனது
சொந்தப் பணத்தைச் செலவழித்துக் கொண்டு அறிவியல்
அறிவைச் சேகரிக்க உலகைச் சுற்றி வந்தார்.

ஒரு முறைக்கு மும்முறை, அடுத்தடுத்து உலகைச் சுற்-
றுவதென்பது மிக மிகச் சாதாரண செயலல்ல. பணம் இருந்-
தால் கூட மன வலிமையும், உடல் வளமையும், அறிவு
செறிவும் தேவை அல்லவா? மூன்றையும் ஒருங்கே பெற்றி-
ருந்த தொழிற் பிரமுகரான ஜி.டி. நாயுடு அவர்கள் - முதன்
முதலாக ஐரோப்பா சுற்றுப் பயணத்தைத் துவக்கிச் சென்-
றார். இங்கிலாந்து நாட்டின் எல்லையை அவர் தொடும்-
போது, இரண்டாவது உலகப் பெரும் போர் துவங்கிவிட்டது.
செர்மன் நாஜிப் படைகள் போலந்து நாட்டுக்குள் கொள்-
ளையர்களைப் போல புகுந்துவிட்டன. இங்கிலாந்து நாடு
தனது தொழில் வளத்தை நிறுத்திக் கொண்டு, போர்க் கரு-

விகளைச் செய்யத் தீவிரமானது.

அந்த நேரத்தில் ஜி.டி.நாயுடு இலண்டன் மாநகர் சென்று சில மாதங்கள் அங்கேயே தங்கினார். சில தொழிற்சா- லைகளுக்குள் புகுந்து, அங்கு செய்யப்படும் போர்த் துறை தளவாடக் கருவிகளைக் கண்டு வியந்தார்!

அதற்குப் பிறகு அமெரிக்காவுக்கும் சென்றார்! இரண்டாம் உலகப் போரில் அமெரிக்க நேச நாடுகள் அணியைச் சார்ந்- தது அல்லவா? அதனால், அவருக்குச் சுலபமாக அனுமதி கிடைத்தது அமெரிக்கா சென்றிட!

நியூயார்க் நகரில் உலகக் கண் காட்சி! - 1939-ஆம் ஆண்டு அக்டோபர் மாதத்தில், அமெரிக்காவில் உலகக் கண்காட்சி நியூயார்க் என்ற நகரில் நடைபெற்றதால், ஜி.டி. நாயுடு அந்த கண்காட்சிக்குச் சென்றார்!

தினந்தோறும் உலகக் கண் காட்சிக்கு நாயுடு செல்வார். அவர் தனது நண்பர் ஒருவருக்கு எழுதிய கடிதத்தில், ''நான் நாள்தோறும் தவறாமல் கண்காட்சிக்குப் போவேன். நான் தான் கண்காட்சியில் நுழையும் முதல் மனிதனும், முடிந்த பின்பு வெளிவரும் கடைசி மனிதனும் ஆனேன். நாள்தோ- றும் காலை சிற்றுண்டியை முடித்துக் கொண்டதும் காட்சி சாலைக்குள் போவேன். மாலை வரை எதையும் உண்ண- மாட்டேன். ஒவ்வொரு இயந்திரமாகப் பார்த்துவிட்டு, வீடு திரும்புவேன்'' என்று எழுதியுள்ளார். ஜி.டி. நாயுடு.

உலகக் கண் காட்சியை ஒவ்வொரு பிரிவாக 4 ஆயிரம் அடிகள் படம் எடுத்தேன். அந்தக் கண் காட்சியிலே ஒவ்- வொரு இயந்திரமும் தொழில் அறிவு வளர்க்கும் துணையாக எனக்கு இருந்தது. நானும் ஒவ்வொரு இயந்திரத்தையும் பலமுறைப் பார்த்துப் பார்த்து. நுணுகி நுணுகி ஆராய்ந்து பார்ப்பேன். அதற்கான நேரமும் இருந்தது எனக்கு என்றும் தனது மற்றொரு நண்பருக்கு எழுதிய கடிதத்தில் அவர் குறிப்பிட்டுள்ளார்.

அமெரிக்க சாலைகளில் Level Cross-கள் இல்லை! - அமெரிக்க மக்கள் பழகும் பண்பும், பழக்க வழக்கங்களும்

அவருக்கு மிகவும் பிடித்திருந்தது. அதை வேறொரு நண்-
பருக்கு எழுதிய அஞ்சலில் கூறும்போது, "அமெரிக்கர்கள்
அறிவிற் சிறந்தவர்கள். புகை வண்டி புறப்படும் நேரமும்
- அது வந்து சேரும் நேரமும் எல்லார்க்கும் தெரிந்திருக்-
கின்றன. ஆதலால், இங்கே சாலைகளும், இருப்புப் பாதை-
களும் சந்திக்கும் இடங்களில் போக்கு வரவைத் தடுக்-
கும் கதவுகள், Level Cross இல்லை. அமெரிக்கப் புகை
வண்டிகளில் ஆயிரம் கல் தொலைவுகள் பயணம் செய்தா-
லும், ஆடைகளில் அழுக்கு ஒட்டுவதில்லை. அமெரிக்கா-
வில் ஓடும் இரயில் வண்டிகள் மிகவும் அழகாகவும், தூய்-
மையாகவும் இருக்கின்றன" என்ற ஜி.டி. நாயுடு அவர்கள்
கூறுகிறார்கள்.

நாற்பத்தேழாவது வயதிலும் மாணவராகக் கற்றார்! -
நியூயார்க் நகரில் நடைபெற்ற உலகக் கண்காட்சி, பொருட்
காட்சி நடந்து முடிந்த பின்பு, மேலும் சில தொழிற்சாலை-
களை அந்த நகரிலே சென்று ஜி.டி.நாயுடு பார்வையிட்டார்.
பிறகு அங்கிருந்து சிகாகோ நகர் சென்றார். அங்கும் சில
அறிவியல் பயிற்சிக் கூடங் களைப் பார்வையிட்ட பின்னர்,
செயிண்ட் லூயி என்ற நகரத்திற்குச் சென்று நாயுடு தங்கி-
னார்.

அந்த நகரில் தொழிலியல் சாலைகள் மட்டுமல்ல,
தொழில் பயிற்சிப் பள்ளிகளும் இருப்பதை அறிந்ததால்,
அங்கே நிரந்தரமாக சில மாதங்கள் தங்கிட ஜி.டி. நாயுடு
தக்க இட வசதிகளை ஏற்பாடு செய்து கொண்டார்.

செயிண்ட் லூயி என்ற நகரில், கார்ட்டர் கார்புரேட்டர்
பள்ளி, Carter Carburator School என்ற ஒரு புகழ்-
பெற்ற கைத் தொழில் பயிற்சிப் பள்ளி இருந்தது. அதை
அவர் பார்வையிட்டார்.

பிறகு, அதே பள்ளியில் ஜி.டி. நாயுடு கைத் தொழில்
கற்கும் மாணவராக 1940-ஆம் ஆண்டில் சேர்ந்து கல்வி
கற்றார். அப்போது என்ன வயது தெரியுமா அவருக்கு?
நாற்பத்தேழு. இப்போது எவனாவது - ஏதாவது ஒரு பள்ளி-

யில் 47 வயதில் மாணவனாகப் போய் சேருவானா? சேர்ந்-
தாரே நாயுடு!

அந்த பள்ளி நிருவாகம், ஒரு மாணவனுக்கு 200 டாலர்
பணம் கொடுத்து கைத் தொழில் கல்வியைக் கற்பித்துக்
கொண்டிருந்தது. அதில் 40 மாணவர்கள் தொழிற் கல்வி
கற்று வந்தார்கள். 40க்கு மேலாடையாக நாயுடு அப் பள்-
ளியிலே, அதாவது 41-வது மாணவராகச் சேர்ந்துக் கற்றார்
தொழிற் கல்வியை! அந்த பள்ளியில் கைத் தொழில் மாண-
வராகச் சேர்ந்த முதல் இந்திய மாணவர் ஜி.டி. நாயுடுதான்!

அந்தக் கைத் தொழிற் கல்விப் பள்ளியில் ஜி.டி.நாயுடு
அவர்கள், ஓய்வு நேரத்திலும், விடுமுறை நாட்களிலும்
வேலை பார்ப்பார். அதற்காக வாரந்தோறும் 16 டாலர்
பணத் தொகையை பள்ளி நிர்வாகம் நாயுடுவுக்குக்
கொடுத்து வந்தது.

அமெரிக்காவிலும் உடை வேட்டி சட்டைதான்! -
செயிண்ட் லூயி நகர், குளிர் காலத்தில் தாங்கமுடியாத
குளிர் நகராக இருக்கும் ஊர். அதாவது மைனஸ் 11 டிகிரி-
யில் அமைந்துள்ள நகர். அந்தக் குளிர் தட்பத்தை ஐரோப்-
பிய மக்களாலேயே தாங்கிக் கொள்ளமுடியாது. ஆனால்,
நாயுடு வெப்பம் மிகுந்த நாட்டிலே இருந்து சென்றவராக
இருந்தாலும், ஐரோப்பிய பேண்ட், ஷர்ட், ஹேட், பூட்
போன்றவற்றை அணிந்துக் கொள்ளாமல், தமிழ்ப் பண்பா-
டுக்கு ஏற்பவே, 4 முழம் வேட்டி, சட்டை, மேல் துண்-
டோடே காலம் தள்ளினார். இதைக் கண்ட செயிண்ட் லூயி
வெள்ளையர்கள் நாயுடுவின் எளிய தோற்றத்தைக் கண்டு
ஆச்சரியப்பட்டார்கள்.

எந்த ஆடைகளை எப்படி அணிந்திருந்தவர்களாக
இருந்தாலும், அவர்கள் தோற்றத்தைக் கண்டு வியவாமல்,
எளிய தனது உடைகளோடு, கல்வியிலும் மிக மிகக் கவன-
மாகக் கற்று வந்தார். உணவு, உறையுள், உறக்கம் எதிலும்
நாட்டமற்றவராய், அவற்றை அளவோடு ஏற்றுப் படித்து
வந்தார் என்பதற்கு, இதோ இந்தக் கடிதமே ஒரு சான்று
ஆகும்.

"ஒரு நாள் ஒரு வேலையை நான் காலை 9.00 மணிக்குத் துவக்கினேன். மறுநாள் பகல் 12 மணி வரையில், ஊண், உறக்கம் இல்லாமல், தண்ணி கூடப் பருகாமல் பணி செய்தேன்" என்று கோவை நண்பர் ஒருவருக்கு நாயுடு கடிதம் எழுதியிருந்தார்.

நாற்பத்தேழு வயதில் நாயுடு தொழிற் கல்வியில் சேர்ந்திருந்தாலும், அதன் நிருவாகமும், ஆசிர்யர்களும் மற்ற மாணவர்களும் அவரை ஒரு மாணவராகவே எண்ணவில்லை. எல்லாரும் நாயுடுவிடம் அன்பாகப் பேசி, மரியாதையுடனும், மதிப்புடனும் நடந்து கொண்டார்கள் என்றால், என்ன காரணம் அதற்கு?

ஜி.டி.நாயுடு அவர்களது நெடிய உயரமும், நிமிர்ந்த நடையும், சிவந்த உடல் தோற்றமும், எளிமையாக ஆடை அணிவதும், தெளிவான பேச்சும், நுண்மாண் நுழைபுல அறிவும், ஆய்வும். ஒழுக்கமான பழக்க வழக்கங்களும், கடமையைக் கண்ணாகவும், கல்வியே மூச்சாகவும் - பேச்சாகவும் - எதற்கும் அஞ்சா நேர் கொண்ட நெஞ்சுறுதியும் - அப் பள்ளியின் ஆசிரியர்களை, மாணவர்களைக் கவர்ந்து விட்டதுதான் காரணமாகும்.

நாயுடு ஏறாத உரை மேடைகள் இல்லை! - பள்ளி சார்பாக நடைபெறும் கருத்தரங்கங்களில் நாயுடுவைக் கலந்து கொள்ள வைப்பார்கள். பத்திரிக்கை நிருபர்கள் அவர் ஓர் இந்திய மாணவன் என்ற தகுதியில் அவரைப் பேட்டி கண்டு ஏடுகளில் செய்திகளை வெளியிடுவார்கள்.

பொது இடங்கள், கூட்டங்கள், தொழிற் கருத்தரங்குகள், சமையக் கூட்டங்கள், ஆன்மிக மன்றங்கள், சமுதாய சீர்த்திருத்தங் கள், சமத்துவ நோக்கங்கள், மனித உரிமைகள், வெள்ளை - கருப்பு இன கலை நிகழ்ச்சிகள், கலை, இலக்கிய விழாக்கள், அறிவியல் ஆய்வுப் பொழிவுகள், தொழிலியல் புதுமைகள் போன்ற நிகழ்ச்சி களில் விரிவாகவே நாயுடுவைப் பேச வைப்பார்கள் - செயிண்ட் லூயி மக்களும் - பள்ளி நிருவாகமும்.

பள்ளியில் கல்வி கற்கும் பிற மாணவர்கள், ஜி.டி. நாயுடு அவர்களைவிட வயதில் குறைவானவர்களே. அதனால் அந்த மாணவ - மணிகளுக்குத் தக்க அறிவுரைகளை வழங்கும் நோக்கத்தில் அவரது பேச்சுக்கள் அமையும்.

எடுத்துக்காட்டாக, “ஏமாறாதே, பிறரை ஏமாற்றாதே! மற்றவர்கள் பொருட்கள் மேல் பற்றாடாதே! உன் பொருளையும் இழந்து விடாதே சாராயம் போன்ற மது வகைகளை ஏறெடுத்தும் பார்க்காதே! உனக்குள்ள உடற் சக்தியை வீணாக்காதே; உடலை வளமாக, நலமாகக் காப்பாற்றிக் கொள்; ஏழ்மையை இகழாதே; பணக்காரரை புகழ்ந்து அடிமையாகாதே ஒழுக்கமாக இரு, இயற்கை அழகுடன் இரு என்பன போன்ற கருத்துக்களை எல்லாம் தனது பேச்சில் உலாவ விடுவார் ஜி.டி. நாயுடு.

அமெரிக்கப் பெண்களுக்கு நாயுடு கூறிய அறிவுரை - ஒரு முறை ஜி.டி. நாயுடுவை மாதர் சங்கத்தில் உரையாற்ற அழைத்தார்கள், அங்கே அவர் பேசும்போது, பெண்களே! மயிர் அலங்காரத்தில் நேரத்தை வீணாக்காதீர், ஆடம்பர ஆடைகளுக்குப் பணத்தை விரயமாக்காதீர்; முகத்திற்கு பவுடர் வகைகளைப் பூசாதீர்; வாசனைப் பொருட்களால் உடலை மணக்க வைக்க முயற்சிக்காதீர், இயற்கை அழகே உங்களுக்கு இயற்கையாக இருந்தால் போதும்; உதடுகளைச் சாயம் பூசி கெடுக்காதீர்; ஒழுக்கமும், உண்மையும்தான் உங்களை முன்னேற்றும் கருவிகள் என்று அமைதியாகவும் - அன்பாகவும், அவர் கூறியதைக் கேட்ட மாதர் சங்கத்து மங்கையர், தங்கள் பூ போன்ற கைகளால் எழுப்பிய ஒலிகளில் ஓசை எழவில்லை; நகைதான் நாட்டியமாடியது.

அமெரிக்க - இங்கர்சாலும்; தமிழ்நாட்டு அண்ணாவும்! தமிழ் நாட்டில் எந்தச் சொற்பொழிவுகளை ஆற்றிட எவரை அழைத்தாலும், அறிவுக்குக் கூலி வழங்கும் வழக்கம் உண்டு. அவர்கள் அரசியல்வாதிகளானாலும் சரி, ஆன்மிகவாதிகளானாலும் சரி, ஆசிரியன்மார்களானாலும் சரி, அறிஞர் அணிகளானாலும் சரி, எவரை அழைத்தாலும் அவர்-

களது உரை தரம், திறம்கட்கு ஏற்ப போக்கு வரத்து செலவு என்ற பெயரில் கூட்டம் நடத்துவோரது அறிவுக் கரம் நீளும் - குறையும்.

ஆனால், அமெரிக்காவிலே அறிஞர்கள் பேசும் அரங்கங்களில் உரை கேட்க வருவோர் கட்டணம் கொடுத்து கூட்டம் கேட்கும் பழக்கமும் இருந்தது.

அறிவாற்றல் மிக்கவர்களது 'நா' நய உரைகளுக்குக் கட்டணம் கொடுத்துப் பேசுவோரை அழைக்கும் கட்டாயத்தை, அமெரிக்க நாட்டில் இராபர்ட் க்ரீன் இங்கர்சால் என்ற நாவலன் தான் உடைத்தெறிந்தான்!

சிரம் பழுத்த அறிஞர்களின் பொழிவுகளைக் கேட்க வரும் அறிவு வேட்கையாளரிடம் - சுவைஞர்களிடம் காசு வசூலிக்கும் காலத்தை உருவாக்கியவர் நாவுக்கரசன் இங்கர்சால்.

அதாவது, பணம் கொடுத்து - அறிஞனை, உரைஞனை அழைக்கும் நாகரிகத்தை மாற்றி, பேசும் அறிஞரின் பேச்சை, உரைஞனுடைய உணர்ச்சிகளை, நாவலர்களின் 'நா' நயத்தை, 'நா' நடன எழில்கள் தவழும் நாவாடல் வகைகளைக் காசு கொடுத்துக் கேட்கும் தகுதி இருந்தால் வா - அரங்கத்துக்குள்ளே என்ற - அறிவு நாகரிகத்தை நிலை நாட்டியவர் அமெரிக்க நாட்டின் 'நா' வேந்தன் இங்கர்சால்.

அதே 'நா' பரதமாடும் சொல் ஆட்சிகளை, 'நா' நடன எழிற் காட்சிகளை, அவரது நா பாடும் இராகமாலிகா நய ஓசை தென்றல் சுகங்களை, 'நா' உதிர்க்கும் மாணிக்க மதிப்புள்ள வாசக மாண்புரைகள், செம்மொழி ஆட்சியின் அடுக்கல்களை, உவமை அணிகளை, அலங்காரத் தமிழ் அழகுகளை வரலாறா? இலக்கியமா? மேல் நாட்டார் கண்டு நம்மை மேம்படுத்தும் புதுமைகளா? அனைத்தையும் அவாவோடு கேட்க - வாருங்கள், பணம் கொடுத்துக் கேளுங்கள் என்று; தமிழ்நாட்டில் முதன் முதல் அழைத்தவர் அறிஞர் அண்ணா. அறிஞர் அண்ணாவின் அற்புத உரைகளை அறிவாளிகள் செவிமடுக்கச் சாரி சாரியாக வந்தார்கள்.

தமிழ்நாட்டில் உள்ள சென்னை கோகலே மன்றத்துக்கும், செய்யிண்ட் மேரிஸ் மண்டபத்துக்கும், திருச்சி தேவர் அரங்-கத்துக்கும், தஞ்சை, மதுரை நகர்களிலே உள்ள அரங்கங்க-ளுக்கும் வந்தார்கள்!

இந்த நாவரங்க அறிவு நாகரிகத்தை இங்கர்சால் போல தமிழ் நாட்டில், ஏன், இந்தியாவிலேயே முதன் முதல் உரு-வாக்கிப் பழக்கப்படுத்திய திருநாவுக்கரசராக விளங்கியவர் அறிஞர் பெருந்தகை அண்ணா அவர்கள்தான் அவருக்கு முன்பு மேடை கட்டணம் போட்டு பேசிய மேதை எவருமே தமிழ் நாட்டில் இலர்!

திரு. நாயுடுவின் 'நா' அறமா! 'நா' கொடை , மடமா? - மேற்கண்ட நிகழ்ச்சிகளைப் போலவே, அறிவியல் விஞ்-ஞானியான ஜி.டி. நாயுடு அவர்கள், அமெரிக்கா சென்று சிகாகோ நகரில் இந்திய வேதாந்த கேசரி என்று புகழ்பெற்ற நாவலர் பெருமான் விவேகானந்தரைப் போல, அமெரிக்க நாட்டு இங்கர்சால் போல, தமிழ் நாட்டு நாவரசர் அறிஞர் அண்ணாவைப் போலவே, சிகாகோ நகருக்கடுத்த செயிண்ட் லூயி நகரில், வேதாந்தம், சமையம் சமுதாயம், சமத்துவம், மாதர் சங்கம், ஆன்மிக மன்றம், தொழிலியல் அரங்கம், அறிவியல் மன்றங்கள் ஆகிய மன்றங்களில் தனது ஓய்வு நேரங்களில் சொற்பொழிவுகள் ஆற்றுவதற்குரிய கட்டணங்-களை சுவைஞர்களிடம் பெற்றார் என்று எண்ணும்போது - நமது அறிவெலாம், சிந்தையெலாம் பூரிக்கின்றது அட டா வோ... என்று!

அதனால்தான், ஜி.டி. நாயுடு அவர்கள் தாம் பேசிய ஒவ்வொரு அறிவாற்றல் உரைகளுக்கும் "மன்றம் நடத்து-வோரிடம் நான் கட்டணம் வாங்க மாட்டேன்" என்று மறுத்-துவிட்டார். இது எத்தகைய 'நா'வறக் கொடை பார்த்தீர்-களா? 'நா' வறம் என்பதை விட, 'நா' கொடை மடம் எனலாம் அல்லவா?

செயிண்ட் லூயி பள்ளியில் நாயுடு கற்ற படிப்பின் காலம் முடிந்தது. ஜி.டி. நாயுடு அப் பள்ளி நிர்வாகத்துக்கும், பேரா-

சிரியர்களுக்கும் தனது அன்பிற்கு அடையாளமாக, நன்றி உணர்ச்சியுடன் தமிழில் ஓர் அழகான வாழ்த்து மடலை வாசித்துக் கொடுத்தார் - பிரிவு உபசார விழாவன்று. இந்த வாழ்த்து மடல் கருத்துக்களை அமெரிக்கப் பத்திரிக்கைகள் ஆங்கிலத்தில் மொழி பெயர்த்து வெளியிட்டன.

செயிண்ட் லூயி நகரை விட்டு டேவன் போர்ட் Devan Port என்ற நகருக்கு ஜி.டி.நாயுடு சென்றார். அந் நகரிலே இருந்த Film Projector Factory என்ற திரைப் படச் சுருள் திட்டத் தொழிற் சாலைக்குச் சென்று பார்த்தார். அங்கேயும், அதே தொழிற்சாலை மாணவனாக பத்து நாட்-கள் தங்கி திரைப் படச் சுருள் விவரங்களைக் கற்றறிந்தார்.

திரைப்படச் சுருள் மாணவரானார்! அமெரிக்காவில் இருக்கும் வரை அவரால் தனது நண்பர்களுக்குரிய கடி-தங்களை எழுத முடியவில்லை. அதனால் ஊதியத்துக்கு ஊழியரை அமர்த்திக் கடிதங்களை எழுதி வந்தார். அமெ-ரிக்க நாட்டின் புகழ் பெற்ற விஞ்ஞானிகளை, தொழிலியல் மேதைகளை பொறியியல் வித்தகர்களை, தொழில் நிறுவன முதலாளிகளை, வணிகர் பெருமக்களில் புகழ்பெற்ற நிபுணர்-களை நேரிலேயே சந்தித்து அவரவர் தொழில்களின் அடிப்-படை வளர்ச்சிகளைப் பற்றி அறிந்து உணர்ந்தார் ஜி.டி. நாயுடு.

இயந்திரங்களை வாங்கி தமிழ்நாட்டுக்கு அனுப்பினார்! - அமெரிக்காவில் தங்கியிருந்தக் காலத்தில் எந்தெந்த இயந்-திரங்கள் தனது தொழிலுக்குத் தேவை என்று ஜி.டி. நாயுடு உணர்ந்தாரோ, அவற்றை எல்லாம் ஏறக்குறைய பத்தாயிரம் அமெரிக்க டாலர் மதிப்புக்குரிய பண அளவின் விலைக்கு வாங்கி கோவை நகரில் உள்ள தனது யு.எம்.எஸ். மோட்டார் நிறுவனத் தொழிற்சாலைக்கு அனுப்பி வைத்தார்.

இறுதியாக ஜி.டி. நாயுடு அவர்கள், தனது மூன்றாவது உலகம் சுற்றும் பயணத்தை முடித்துக் கொண்டு 1940-ஆம் ஆண்டின் இறுதிக் காலத்தில், ஜப்பான், சீனா வழியாக இந்தியா புறப்பட்டு, கோவை மா நகரைச் சேர்ந்தார்.

தமிழ் நாட்டிலே இருந்து ஒரு சாதாரண தொழில் பிர-
முகராக உலகம் சுற்றச் சென்ற ஜி.டி. நாயுடு அவர்கள்,
அமெரிக்காவில் பயிற்சி பெற்ற பொறியியல் வல்லுநராகி
அறிவியல் மேதையாக கொச்சி துறைமுகம் வழியாக தமிழ்-
நாடு வந்தார்!

10. தொழில் துறை வளர்ச்சி ஒன்றே, நாட்டின் வறுமையை நீக்கும் வழி!

அமெரிக்காவிலுள்ள நியூயார்க் நகர் ஆட்டோ மேட்டிவ்
இஞ்ஜினியர் சங்கம், ஜி.டி. நாயுடு அவர்களைத் தனது
சங்கத்தில் ஒரு நிர்வாக உறுப்பினராகப் பதிவு செய்து
அவரைப் பெருமைப் படுத்தியது. அதே நியூயார்க்கில் உள்ள
மெக்கானிக் இஞ்சினீயர் சங்கமும் அவரை உறுப்பினராக்கி
மகிழ்ந்து பாராட்டியது.

பத்து பொறியியல் சங்கங்கள் உறுப்பினராக்கி மகிழ்ந்தன!
- இந்தியா திரும்பிய ஜி.டி.நாயுடுவை ஆந்திரா நாட்டி-
லுள்ள சிறு தொழிலாளர் சங்கம் உறுப்பினராக்கிக் கொண்-
டது. சென்னை சிறு தொழிலாளர் சங்கமும் அவரை ஓர்
உறுப்பினராக்கியது.

மெட்ராஸ் ஸ்டேட் எனப்படும் சென்னை அரசாங்கமும்
ஜி.டி. நாயுடுவைத் தொழில் வளர்ச்சிக் கழகத்தில் உறுப்பின-
ராகப் பதிவு செய்து கொண்டது. சென்னைத் தொழில் நுட்ப
சங்கம் அவரை ஓர் ஆலோசகராக ஏற்றுக் கொண்டது.

அகில இந்திய இஞ்சினியர் கழகம், இந்திய இயந்திரத்
தயாரிப்பாளர் சங்கம், அனைத்திந்திய இயந்திர உற்பத்தியா-
ளர் கழகத்திலும் ஜி.டி. நாயுடு உறுப்பினரானார்.

ஏறக்குறைய பத்து இந்திய இயந்திரப் பொறியாளர் சங்-
கங்கள் ஜி.டி. நாயுடு அவர்களை வரவேற்றுப் பாராட்டி
உறுப்பினராக்கிக் கொண்டன. ஏன் தெரியுமா?

இந்திய நாட்டைத் தொழில் இந்தியாவாக்க வேண்டும்
என்ற ஜி.டி.நாயுடுவின் எண்ணத்தைப் புரிந்து கொண்டதால்,
அவரை வலிய அழைத்து அந்தச் சங்கங்கள் உறுப்பின-

ராக்கி அவரது முயற்சியை ஊக்குவித்ததுதான் காரணமாகும்.

அத்துடன் அவர் ஒரு பிறவி தொழிலியல் விஞ்ஞானியாகத் திகழ்ந்தவராக இருந்தார் என்பதாலும், சிறந்த தொழிற் பிரமுகராக விளங்கியதாலும், திறமையான தொழிற்துறை மேதையாக உலகைச் சுற்றி வந்த அனுபவத்தைக் கண்டதாலும் மேற்கண்ட சங்கங்கள் நாயுடுவைத் தங்களது சங்கங்களில் உறுப்பினர்களாக்கிக் கொண்டு அவருடைய அறிவுரைகளைப் பின்பற்றி வந்தன.

அமெரிக்கா சென்று அங்குள்ள கைத் தொழில் பள்ளியில் மாணவராகப் பயிற்சி பெற்ற நாயுடுவின் அனுபவத்தையும், காலத்தைக் கடந்து எதையும் சிந்திக்கும் தொழில் விஞ்ஞானச் சிந்தனையாளர் அவர் என்பதாலும், ஜி.டி. நாயுடுவுக்கு இந்தியாவில் புகழ் பெருகியது.

ஜி.டி. நாயுடு தொழில் துறையில் முன்னேறிய நாடுகளையும் - நகரங்களையும் சுற்றிச் சுற்றிப் பார்த்த அனுபவமும் பெற்றிருந்தார்.

உலக நாடுகளின் புதுமையான தொழில் வளர்ச்சிகளை அவர் நேரில் பார்த்து அறிந்தவர், அனுபவமுள்ளவர், என்று இந்தியத் தொழிற் சங்கங்களால் பாராட்டப்பட்ட ஓர் அதிசய மனிதராகவும் திகழ்ந்தவர்.

கோவையைத் தொழிலறிவு நகரமாக்கியது - ஏன்? - ஒரு முறைக்கு மூன்று முறையாக உலக நாடுகளைச் சுற்றி வந்த தனது தனித் திறமையைக் கொண்டு, ஜி.டி. நாயுடு கோயம்புத்தூர் நகரில் எண்ணற்ற தொழிற் சாலைகளை உருவாக்கினார்

உருவாக்கியதுடன் நில்லாமல், அந்தத் தொழிற்சாலை நிருவாகங்களை மற்றவர்கள் பார்த்து வியக்குமாறும் அவற்றை நடத்திக் காட்டினார் ஜி.டி. நாயுடு.

மேற்கண்ட தொழிற்சாலைகளைக் கோவை நகரில் உருவாக்குவதற்கு முன்பு, அந்த நகர் தொழிற்துறை அறிவோ. தொழில் ஆர்வமோ பெற்ற நகராக இருக்கவில்லை என்பது தான் குறிப்பிடத் தக்க நிலையாகும்.

அத்தகைய நேரத்தில் ஒரு தனி மனிதர் துணிவாக எண்-
ணற்றத் தொழிற்சாலைகளை உருவாக்க, இயக்க, காரண-
ராக இருந்தார் என்பதே பாராட்டுக்குரிய சம்பவமாகும்.

இவ்வளவையும் நாயுடு ஏன் கோவையில் செய்தார்?
தமிழ் இனம், தமிழ்ச் சமுதாயம் தொழில் துறையில் மேல்
நாடுகளுக்குச் சமமாக வாழ்ந்து வளம் பெற்றாக வேண்டும்
என்ற எண்ணத்தால் தானே!

இதே ஜி.டி. நாயுடு உலக நாடுகளில் எங்கோ ஓரிடத்தில்
பிறந்து தொழிற்சாலைகளை உருவாக்கி இருந்தால், அறி-
வுடையார் எங்கிருந்தாலும் பாராட்டத் தக்கவர்களே என்ற
தத்துவச் சிறப்பிற் ஏற்ப, நோபல் பரிசுகள் தேடி வந்து
அவரிடம் அடிமையாகி இருக்குமா - இருக்காதா என்பதை
நாம் தான் சிந்திக்க வேண்டும். அந்த நிலை நாயுடுவுக்கு
ஏன் உருவாகவில்லை?

அறிவுக் கேற்ற தகுதியை அவர் பெறாதது ஏன்? - தமிழ்
நாட்டு மக்களிடத்தில், ஏன் இந்திய மக்களிடத்தில், அந்-
தக் காலக் கட்டத்தில் தொழில் அறிவு அதிகம் இல்லா-
மல் இருந்ததுதான் காரணமோ அல்லது, தொழிற் புரட்சி-
யற்ற மண்ணில் அவர் எண்ணற்ற தொழில் நுட்பங்களைத்
தொழிற்சாலைகளாக்கிக் கொட்டிக் குவித்ததால் தானோ
புரியவில்லை நமக்கு!

ஜி.டி. நாயுடு வாழ்ந்த கால கட்டத்தில் அவரால் துவக்கப்
பட்ட தொழிலகங்கள், இப்போது ஆரம்பிக்கப் பட்டிருக்கு-
மானால், இக் கால அரசியல்வாதிகள், தொழிலறிஞர்கள்,
தொழில் நுட்ப வரவேற்புகள் அவரைத் தேடி நாடி ஓடி
வந்து பட்டம் பதவிகளை வலிய வலிய வழங்கி, ஓஹோ.
என்று போற்றித் திரு அகவல்களைப் பாடிப் புகழ்ந்திருக்-
குமோ - என்னவோ, காலம்தான் கணக்கிட வேண்டும் பரா-
பரமே!

ஜி.டி. நாயுடு அவர்கள், அப்படி என்னென்ன தொழிற்-
சாலைகளைத் தோற்றுவித்து விட்டார் என்று எவராவது
கேட்பார்களேயானால் - அவர்களுக்கு இதோ சில தக்கச்
சான்றுகள்.

கோவை மின்சார மோட்டார் தொழிற்சாலை: தொழிலியல் விஞ்ஞானியான ஜி.டி. நாயுடு 1939-ஆம் ஆண்டில் - கோவை நகரில், மின்சார மோட்டார் தொழிற்சாலை ஒன்றை, நேஷனல் எலக்ட்ரிக் ஒர்க்ஸ் என்ற பெயரில் துவக்கினார்.

அந்த மோட்டார் உற்பத்தித் தொழிற்சாலையை, அப்போது சென்னை அரசுத் தொழில் ஆலோசகராகப் பணியாற்றிக் கொண்டிருந்த சர்.ஜார்ஜ் போக் என்பவர் திறப்பு விழா செய்தார்.

அந்த நேரம் இரண்டாம் உலகப் போர் துவக்கப்பட்ட நெருக்கடியான காலம். அதனால் - வெளிநாடுகளிலே இருந்து மின்சார மோட்டார்களை வரவழைப்பது மிகக் கஷ்டமாக இருந்தது.

அதுமட்டுமன்று இதற்குக் காரணம். இந்திய நாட்டில் வேறு எங்கும் மின்சார மோட்டார்கள் உற்பத்தி செய்யப்படாத நேரமாகும்.

அப்படி இருந்தும், அப்போதைய இந்திய ஆட்சி தனது ஆதரவையும், ஒத்துழைப்பையும் திரு. ஜி.டி. நாயுடுவுக்கு வழங்கியது. அதனால், அவர் மின்சார மோட்டார் தொழிற் பற்றிகரமாகத் துவக்கி மின்சார மோட்டார் தொழிற்சாலையை வெற்றிகரமாகத் துவக்கி மின்சார மோட்டர்களைத் தயாரித்து வந்தார்.

யூனிவர்சல் ரேடியேட்டர்ஸ்: இந்த தொழிற்சாலையில் கார்கள், இஞ்சின்கள் ஆகியவற்றுக்கு தேவையான ரேடியேட்டர்கள் தயாரிக்கப்பட்டு வந்தன.

யு.எம்.எஸ். வானொலி; தொழிற்சாலை: மேற்கண்ட யு.எம்.எஸ். வானொலித் தொழிற் கூடம் 1941-ஆம் ஆண்டில் கோவை நகரில் ஆரம்பிக்கப்பட்டது. இந்தத் தொழிற்சாலையைத் துவக்கி வைத்தவர் யார் தெரியுமா?

மத்திய முதல் நிதியமைச்சர் சர். ஆர்.கே. சண்மூகம் திறந்தார்! - இந்திய அரசாங்கத்தின் முதல் நிதியமைச்சரும், கோயம்புத்தூர் நகரிலேயே வாழ்ந்து வந்த தொழில் அதிபருமான சர்.ஆர்.கே. சண்முகம் செட்டியார் அவர்கள்தான்,

இந்தத் தொழிற்சாலையின் துவக்க விழாவை நடத்தி வைத்-தார் என்பது குறிப்பிடத் தக்கதாகும்.

அந்தத் தொழிற்சாலையில், வானொலிப் பெட்டி, வானொலிக் கிராமம், டேப் ரிக்கார்டர், எலக்ட்ரானிக் பொருட்கள் போன்றவைகள் தயாரிக்கப்படுகின்றன. இந்த வானொலிப் பெட்டிகளை ஏழை மக்களும் உபயோகப் படுத்-தக் கூடிய அளவுக்கு விலை குறைவானவை ஆகும்.

நூறு ரூபாய் அல்லது நூற்றைம்பது ரூபாய்க்கு, ஏழைகள் வாங்கக் கூடிய வகையில் இவை விலை குறைவானது மட்-டுமன்று; இந்த வானொலிப் பெட்டியின் ஐந்து வால்வும், 3 பேண்டுகளும், எந்த அலையைத் திருப்பினாலும் பாடக் கூடியதாகவும், அதே நேரத்தில் குளு குளு தன்மையான ஏ.சி. பெட்டிகளாகவும் தயாரிக்கப்பட்டு அதே விலைக்குக் கிடைக்க வழி செய்தவர் ஜி.டி. நாயுடு.

ஏழைகளுக்காகத் தானே தயாராகின்ற வானொலிகள், என்று, ஏதோ - ஏனோ தானோவாக உருவாக்கப்பட்டதன்று ஜி.டி. நாயுடு நிறுவனம் உற்பத்தி செய்த இந்தப் பெட்டிக-ளின் தரம்!

இந்தத் தொழிற்சாலையில் தயாராகும் வானொலி பெட்டி-களுக்குரிய பாகங்களில் 30 முதல் 35 சத விகிதப் பொருட்-கள் வரை; இதே தொழிற்சாலையிலேதான் தயாராகின்றன. மிகுதி உள்ள 65, 70 சத விகித பாகங்கள் மேற்கொண்டு அங்கேயே தயாராகிடுவதற்கான திட்டங்களும் தீட்டப்பட்டு ஆய்வுக் குழுவின் ஆய்வுக்குச் சென்றிருந்தன.

கார்பானிக் பொருட்கள் தொழிற்சாலை : கோவைக்கு அடுத்துள்ள நகரம் போத்தனூர். இந்த ஊர் தொழிற்சாலை நடத்திட எல்லா வசதிகளும் பொருந்தியதாக இருந்ததைக் கண்ட ஜி.டி. நாயுடு, இங்கே கார்பானிக் பொருட்கள் தொழிற்சாலை ஒன்றைத் துவக்கினார். டைப் ரைட்டர் இயந்திரங்களுக்குத் தேவையான கார்பன் தாள்கள், நாடாக்-கள், பேனாக் கார்பன், பென்சில் கார்பன் தாள்கள், இங்க் பேடுகள் போன்றவை இந்தத் தொழிற்சாலையில் தயாரிக்கப்-பட்டன.

யு.எம்.எஸ். பிளேடு தொழிற்சாலை : கோவை நகரில் மலிவான சவர பிளேடுகளைத் தயாரிக்கும் தொழிற்சா-லையை சிறு அளவில் ஏற்படுத்தினார். தமிழ் நாட்டுக்குத் தேவையான பிளேடுகள் விற்பனைக்காக இங்கே தான் தயார் செய்யப்பட்டன.

கோவை டீசல் புராடக்ட்ஸ் - பெட்ரோலில் கார்களை ஓட்டும் இஞ்சின்கள் அப்போது பொருத்தப்பட்டிருந்தன. அதற்குப் பதிலாக டீசல் எண்ணெயில் ஓட்டும் இஞ்சின்க-ளைத் தயாரிப்பதில் ஜி.டி.நாயுடு ஈடுபட்டார்.

அதற்குரிய இஞ்சின்களைக் கோயம்புத்தூரிலேயே தயா-ரிக்கும் வகையில் இஞ்சின்களைப் புதுப்பித்தார். அவை பழுது பார்க்கும் பணிகளை இந்த தொழிற்சாலையிலே செய்-தார். இந்தத் தொழிற்சாலையை ஜெர்மானியத் தொழில் நுட்ப அறிஞர்கள் பார்த்துப் பாராட்டினார்கள்.

இஞ்சினியரிங் பிரைவேட் லிமிடெட் : மேற்கண்ட டீசல் இஞ்சின்களுக்குத் தேவைப்பட்ட நாசில்கள், Nozzles, டெலிவரி வால்வுகள், பம்ப் - எலிமெண்டஸ் Pump-Elements ஆகியவை - தொழிற்சாலையில் உருவாயின.

கோவை யு:எம்.எஸ். ஒர்க்ஸ் நிறுவனம்: கார்களைப் புதி-தாக உருவாக்குவதற்கான பாகங்கள், இயந்திரக் கருவிகள், சிறு சிறு உதிரிப் பாகங்கள், பௌண்டரி காஸ்டிங்ஸ் முத-லிய வேலைகள் இந்த நிறுவனத்தில் தயாராயின.

செட்ரைட் இந்தியா பிரைவேட் லிமிடெட் : பிரிட்டிஷ் நிறுவனம் ஒன்றின் உதவியால் இந்த செட்ரைட் இந்தியா பிரைவேட் லிமிடெட் என்ற நிறுவனத்தை ஜி.டி. நாயுடு துவக்கினார். இந்த நிறுவனத்தில் பேருந்துகள் - போக்கு-வரத்து நிறுவனங்களுக்கும், திரையரங்குகளுக்கும், ரயில்வே நிலையங்களுக்கும், ஒட்டல்கள் போன்றவற்றுக்கும் உரிய டிக்கட்டுகள், இரசீதுகள் அனைத்தையும் அச்சடிக்கும் பணி-கள் நடைபெற்றன.

இந்த டிக்கட்டுகளும் - இரசீதுகளும் அச்சடிக்க தானி-யங்கி இயந்திரங்கள் உருவாக்கப்பட்டன. அந்த இயந்திரங்-கள் எவ்வளவு வேலைகளைச் செய்தன என்ற கணக்கை-

யும் அந்த இயந்திரங்களே காட்டுமளவுக்கு மெஷின்களில் பொருத்தப்பட்டிருந்தன.

இந்தத் தொழிற்சாலையில் 16 மில்லிமீட்டர் அளவு படம் ஓடும் புரொஜெக்டர்கள், டயல் காஜ் முதலியவை திட்டமி-டப்பட்டுத் தயாரிக்கப்பட்டன.

கோபால் கடிகாரம் தொழிற்சாலை: தனது தந்தை திரு. கோபால்சாமி நாயுடு நினைவாக இந்த நிறுவனம் ஜி.டி.நாயு-டுவால் உருவாக்கப்பட்டது. இங்கே தயாராகும் நான்கு முகக் கூண்டு சுவர்க் கடிகாரங்கள், அதாவது - Tower Clocks திரு. ஜி.டி.நாயுடு அவர்களது தொழில் நுட்பத்தால் கண்டு-பிடிக்கப்பட்ட கடிகாரம் ஆகும்.

இந்தத் தொழிற்சாலையில் தயாரிக்கப்பட்ட கடிகாரங்கள் சில, பொது நிலையங்களின் உபயோகத்திற்கான அன்பளிப்-பாக வழங்கப்பட்டிருக்கின்றன.

கோவை நகராட்சிக்கு ஒரு கடிகாரத்தை ஜி.டி.நாயுடு தயாரித்துக் கொடுத்துள்ளார். அந்தக் கடிகாரம் கோவை நகரில் அவினாசி சாலையையும், சிறைச் சாலை சாலை-யையும் சந்திக்கும் இடத்தில் நிறுவப்பட்டிருக்கிறது.

இன்று வரை அந்தக் கடிகாரம் எந்தப் பழுதும் அடை-யவில்லை. இது போன்ற மேலும் சில கடிகாரங்களை சென்னை நகருக்கும் அன்பளிப்பாக நாயுடு வழங்கியுள்ளார். இந்தத் தொழிற்சாலையில் பெருமளவில் கடிகாரங்கள் தயார் செய்யப்பட்டன.

கோவை ஆர்மச்சூர் வைண்டிங் ஒர்க்ஸ் : இந்தத் தொழிற்சாலையில் செப்புக் கம்பிகள் தயாரிக்கப்படுகின்றன. இவை பல வகை அளவுகளில் தயாரிக்கப்படுகின்றன. இந்-தக் கம்பிகள் எதற்குப் பயன்படுகின்றன தெரியுமா?

டைனமோக்கள் உருவாக இந்தக் கம்பிகள் தேவை. அதற்காகவே இங்கே பல அளவுகளில் செப்புக் கம்பிகள் தயாரிக்கப்படுகின்றன. அந்த செப்புக் கம்பிகளுக்கு எனாமல் பூசும் இயந்திரங்களை நிறுவவும் ஏற்பாடுகள் செய்யப் பட்-டுள்ளன. இங்கே தேனிப் பெட்டிகளுக்குத் தேவையான பொருட்களும் தயாராகின்றன.

சத்து மாவு தொழிற்சாலை : மக்கள் உணவுகளுக்காகப் பயன்படுத்தும் கேழ்வரகு சோளம் போன்ற உணவு தானியங்-களை, இங்கே சத்துணவு மாவுகளாகத் தயாரிக்கின்றார்கள். இங்கே தயாரான சத்துணவு மாவைச் சோதனை செய்துப் பார்த்த சென்னை அரசாங்கத் தின் விவசாய ரசாயன அதி-காரி, அந்த மாவுகள் உயர்ந்த ரகமாகவும், சத்து நிறைந்த-தாகவும் இருப்பதாகச் சான்றிதழ் தந்துள்ளார்.

வேறு சில தொழில்கள் : பேருந்துகளுக்கான பாகங்களை இணைக்கவும், டயர்களைப் புதுப்பித்து உருவாக்கவும், தனித்தனி தொழிற் சாலைகளை திரு. ஜி.டி. நாயுடு உரு-வாக்கினார்.

வெளிநாடுகளில் இருந்து மற்ற தொழிற்சாலைகளுக்குத் தேவைப்படும் இயந்திரங்களை இறக்குமதி செய்து விற்பனை செய்யவும் ஜி.டி. நாயுடு தொழில் நிலையங்களை அமைத்-தார்.

தொழிற்சாலைகளைப் புதியதாக அமைக்க யாராவது முன் வந்தால், அவர்களுக்கான உதவிகளை யோசனை-களை இலவசமாகவும் செய்தார் திரு. நாயுடு.

இவ்வளவு அக்கரையோடு கோவையை ஏன் தொழில் நகரமாக்கிட வழி வகைகளைச் செய்தார்?

தொழில் வளர்ச்சி நமது நாட்டில் ஏற்பட்டால்தான் மக்-களுடைய வறுமைகள் ஒழியும் என்ற ஒரே காரணத்திற் காகத்தான் ஜி.டி.நாயுடு அதில் அவ்வளவு அக்கரைகளைக் காட்டினார்.

11. நான்காண்டு "பி.இ." கல்வியை நாயுடு ஆறு வாரமாக்கினார்!

"தோன்றிற் புகழொடு தோன்றுக அதிலார்
தோன்றலிற் தோன்றாமை நன்று"

என்று கூறுகின்றது தமிழர் மறையான பொய்யா மொழி எனப்படும் திருக்குறள் நூல்!

“மக்களாய் பிறந்தால் புகழுடன் பிறக்கக் கடவர், அந்தப் புகழ் இல்லாதவர் பிறத்தலினும் பிறவாமை நல்லது”. இந்தக் குறளுக்கு திருக்குறளார் முனுசாமி உரை கூறும்போது, “மக்களாய்ப் பிறந்தால் புகழ் உண்டாவதற்கான குணங்களோடு பிறத்தல் வேண்டும். அக் குணம் இல்லாதவர்கள் மக்களாகப் பிறப்பிதை விட பிறவா திருத்தலே நல்லதாகும்” என்கிறார்.

மக்களாகப் பிறப்பவர்கள் புகழ் உண்டாவதற்கான குணங்களோடு எப்படிப் பிறக்க முடியும்? பிறந்த பிறகுதானே அந்தக் குணங்களைப் பெற முடியும்? பரிமேலழகர் உரையை அடிப்படையாகப் பற்றுபவர்கள் திருக்குறளாரைப் போல குறளைப் பரப்பிக் கொண்டிருப்பதை விட, பேராசிரியர் சாலமன் பாப்பையா உரையே மேலானது. என்ன கூறுகிறார் திரு. பாப்பையா?

“பிறர் அறியுமாறு அறிமுகமானால், புகழ் மிக்கவராய் அறிமுகம் ஆகுக. புகழ் இல்லாதவர் உலகு காணக் காட்சி தருவதிலும், தராமல் இருப்பதே நல்லது” என்கிறார்.

எனவே, திரு. ஜி.டி. நாயுடு அவர்கள், ஒவ்வொரு துறையிலும் மற்றவர்கள் அறியுமாறு அறிமுகமாகும்போது, தனது செயற்கரிய செயல்களால், பெறற்கரிய அறிவுத் திறனைப் பெற்றுப் புகழ் மிக்கவராக அறிமுகம் ஆனார். இதுதான் உண்மை.

கல்வி அறிவு அற்றக் காலத்தில் அவர் தொழில் துறையில் புகுந்தார். ஒரே ஒரு பேருந்தை விலைக்கு வாங்கிய அவர், தானே முதலாளி, தானே தொழிலாளி, எல்லாம் தானே என்று அயராது அரும்பாடு பட்டு, தனது பேருந்துவுக்குப் புகழ்தேடி, யு.எம்.எஸ். என்ற 200 பேருந்துகளின் கூட்டுறவு அமைப்பை உருவாக்கி, மக்கள் மதிக்குமளவுக்குச் செல்வாக்குப் பெற்று. செல்வச் சீமானாகி, புகழ் துறையை தனக்கு அடிமையாக்கிக் கொண்டார்.

திருக்குறள் மறைக்கு நாயுடு எடுத்துக் காட்டு! - மேல் நாடு சென்று, தொழிலியல் மாணவராகக் கல்வி கற்று,

ஓய்வு நேரங்களில் தமிழ், ஆங்கில மொழிகள் அறிவைப் பெற்று, உலகை எழு முறை வலம் வந்து, ஈடில தொழிலியல் துறை விஞ்ஞானியாக வர் விளங்கினார். "ரேசண்ட் பிளேடு" விஞ்ஞானத்தால், பிரிட்டிஷ், அமெரிக்க விஞ்ஞானம் இன்றுவரை அவரிடம் தோற்று விட்டது.

ஈதல்லவோ பிறர் அறியுமாறு அறிமுகமான புகழ் அறி-முகம்? இதை விடுத்து. திரு. ஜி.டி.நாயுடு உலகு காணக்-காட்சி தருபவராக விளங்க வில்லையே! அது புகழ் ஆகாதே - என்றுணர்தற்குச் சான்றாகத் தானே உலகுக்கு அவர் அறிமுகம் ஆனார்!

எனவே, மக்களாய்ப் பிறக்கும் யாரும் - புகழ் உண்டா-வதற்கான குணங்களோடு பிறக்க இயலாது. பிறந்த பின்பு சேரும் குணங்கள், சுபாவங்கள், மன வளங்கள், கல்வியின் வித்தகங்கள், அனுபவ ஆற்றல்கள், வளர்நிலை சூழல்கள்-தான் ஒருவனைப் புகழ் ஏணியில் ஏற்றுமே தவிர, பிறக்கும் போதே புகழ்க் குணங்களோடு பிறத்தல் என்பது இயலாதல்-லவா?

எனவே, திரு. சாலமன் பாப்பையா கூறும் குழப்பமற்ற, முன் ஜென்மம் - பின் பிறப்பற்ற, தெளிவான உரையாகும். அதற்கு எடுத்துக் காட்டாகவே திரு. ஜி.டி. நாயுடு அவர்க-ளது புகழ் இன்றும் திகழ்கின்றது எனலாம்.

இத்தகைய புகழேணியின் சிகரத்திலே நின்ற திரு. ஜி.டி.நாயுடு அவர்கள், தொழிலியல் விஞ்ஞானியாக மட்-டுமே இயங்கவில்லை. மாறாக, ஈடிணையிலா இலட்சியங்-களை வளர்க்கும் ஒரு நாட்டின் ஒப்பற்றக் கல்விமனாகவும், அதாவது - Educationist டாகவும் சிறந்தார்!

கற்றது கை மண்ணளவுதான் என்று கருதிய திரு. ஜி.டி.நாயுடு அவர்கள், கல்லாதது உலகளவு என்பதை உணர்ந்து. ஒவ்வொரு துறையிலும் ஊடுருவி உண்மை அறி-வைக் கண்டு - அனுபவ அறிவைப் பெற்றார். இல்லையா-னால், தனது 47-வது வயதிலே எவனாவது அமெரிக்கா-விலே போய் மாணவனாகச் சேர்ந்து கைத் தொழில் அறிவு

பெறுவானா? பெற்றாரே திரு. நாயுடு!

திரு. ஜி.டி.நாயுடு வறுமையிலே வாடி வாடி வருந்தி, உணவு விடுதியிலே பணியாளராகச் சேர்ந்து பசிப் பிணி நீக்-கிக் கொண்டு, ஊர் சுற்றிச் சுற்றி வணிக ஊக்கம் பெற்று முன்னேறும் வாய்ப்பு வெள்ளையர் ஒருவரால் வந்ததும் – ஒரே ஒரு பேருந்தை விலைக்கு வாங்கி உழைத்ததின் பயன்-தான், தனக்கென ஒரு வழியை வகுத்துக் கொண்டு பணி-யாற்றியதின் பலன்தான், அவரை தேடி, நாடி, ஓடி வந்து புகழ் அரவணைத்துக் கொண்டு, உலக நெஞ்ச ஊஞ்ச-லில் ஆராரோ பாடி ஆடி அமர வைத்து, அழகு பார்த்தது எனலாம் அல்லவா? எண்ணிப் பாருங்கள் சரிதானா என்று?

எனவேதான், தொழிலியல் துறையில் தனக்கென ஓர் அடையாளச் சின்னத்தை உருவாக்கிக் கொண்ட திரு. நாயுடு, கல்வித் துறையிலும் தனது காலடிகளை எண்ணி எண்ணிப் பதித்தார்.

கல்வி உலகில் - ஒரு மறுமலர்ச்சியாளர்! - கல்வி உலகிலே ஒரு மறுமலர்ச்சியை உருவாக்கினார்! அதனால் உண்டான எதிர்ப்புகளை ஏறுபோல எதிர்த்துச் சமாளித்தார்: தொழிற் கல்லூரிகளை ஏற்படுத்தினார். தொழில் நுட்ப ஆசி-ரியராகத் தொண்டு புரிந்தார்! தொண்டு என்றால் வளைவு என்ற ஒரு பொருளுண்டல்லவா?

அதற்கேற்ப, திரு. நாயுடு கல்விக்காக உழைத்த உழைப்-புகளும், முயற்சிகளும், நடத்திய போராட்டங்களும், வழங்-கிய நன்கொடைகளும் – அதனதன் தகுதிக்கேற்றவாறு வளைந்து கொடுத்து, நாட்டுப் பணியாற்றினார்! கல்வியால் நாடும் முன்னேறும் தானே! அதனால், தேச பக்தியோடு மக்கள் சேவைகளைச் செய்தார் திரு. ஜி.டி.நாயுடு.

சர். ஹார்தர் ஹோப் தொழிற் பள்ளி! - சென்னை மாகாண கவர்னராக அப்போது பணியாற்றியவர் 'சர்.ஹார்தர் ஹோப்' எனும் வெள்ளைக்காரர். அவர் திரு. ஜி.டி. நாயுடு அவர்களின் நண்பர்.

தமிழ் நாட்டைத் தொழில் மயமாக்க வேண்டும், அதற்குப் பொறியியல் கல்லூரிகள் தோன்ற வேண்டும் என்று எண்-

ணிய திரு. நாயுடு, கவர்னரைச் சந்தித்து தனது விருப்பத்தை அவரிடம் மனுக்களாகக் கொடுத்து, கோயம்புத்தூர் நகரில் தனது சொந்த பெரும் பொருட் செலவில் 1945-ஆம் ஆண்டில் ஒரு தொழில் நுட்பப் பள்ளியைத் திறந்தார்.

அந்த தொழில் நுனுக்கப் பள்ளிக்குரிய அரசு ஆதரவுகளைப் பெருமளவில் செய்து கொடுத்தவர் சென்னை கவர்னர் என்பதால், அதற்கான நன்றியாக அந்தப் பள்ளிக்கு சர்.ஆர்தர் ஹோப் பாலி டெக்னிக் என்று பெயரிட்டார் திரு. நாயுடு.

அது சரி, கலைக் கல்லூரியைத் திறவாமல், நாயுடு ஏன் தொழில் பள்ளியைத் துவக்கினார்? ஏனென்றால், கலைக் கல்லூரிகள் தோன்றுவதால் பட்டங்கள் பெறலாமே தவிர, நாட்டிலுள்ள வேலை இல்லாத் திண்டாட்டம் ஒழியாது என்பதால்தான். தொழில் நுட்பங் களைப் போதிக்கும் பாலிடெக்னிக் பள்ளியைத் துவக்கினார் நாயுடு.

மேற்கண்ட காரணம் மட்டுமே அன்று - தொழில் நுணுக்கப் பள்ளி தோன்றிட அந்த நேரம் வரை கோவை நகரிலும் சரி, அந்த மாவட்டத்திலும் சரி, கலைக் கல்லூரிகள் இருந்ததே தவிர, தொழிற் கல்லூரிகள் ஒன்றும் தோன்றவில்லை.

அதனால் திரு. நாயுடு, இரண்டு தொழில் கல்லூரிகளைத் திறக்கத் திட்டமிட்டு, முதலாவதாக சர்.ஹார்தர் ஹோப் தொழில் நுட்பப் பாலிடெக்னிக்கைத் துவக்கினார். அந்தக் கல்லூரியில், வானொலி, மோட்டார் தொழில்களின் பயிற்சிகள் முதலில் கற்பிக்கப்பட்டன.

வேறு தொழிற் பயிற்சிகளைக் கற்பிக்கக் கூடிய போதிய திறமை வாய்ந்த ஆசிரியர்கள் அப்போது கிடைக்காத காரணத்தால், முதலில் மோட்டார், வானொலி தொழில்களுக்குரிய பயிற்சிகள் போதிக்கப் பட்டன.

திரு. நாயுடுவை சர்.ஆர்தர் ஹோப் கேட்டுக் கொண்டதற் கேற்ப, அவரே அந்த பாலிடெக்னிக்கு கௌரவ இயக்குநராகவும், முதல்வராகவும் இருந்து - ஆசிரியராகவும், நிர்வாகியாகவும் பணியாற்றினார்.

ஆர்தர் ஹோப் - பொறியியல் கல்லூரி : சர்.ஹார்தர் ஹோப் பெயரால் தொழிற் நுட்பப் பாலிடெக்னிக் சிறப்பாக நடைபெற்று வந்தது. இரண்டாவதாக, கவர்னரது ஊக்கத்-தையும் - ஆதரவையும் கண்ட திரு. ஜி.டி.நாயுடு அவர்கள், காற்றுள்ள போதே துற்றிக் கொண்டால் கோவை நகருக்கு நல்ல வளர்ச்சி உண்டாகும் என்ற எண்ணத்தில், கோவை நகரில் 1945-ஆம் ஆண்டு ஜூலை மாதம் 9-ஆம் நாளன்று, அதாவது, பாலிடெக்னிக் துவக்கப்பட்ட ஆறு மாதங்களுக்கெல்லாம், மீண்டும் ஒரு பொறியியற் கல்லூரி-யைத் துவக்கினார். என்ன பெயர் தெரியுமா அக் கல்லூ-ரிக்கு?

'சர்.ஹார்தர் ஹோப் பொறியியல் கல்லூரி' என்றே திரு. நாயுடு அதற்கும் நன்றிக் கடனாகப் பெயர் சூட்டினார். அக் கல்லூரிக்குப் பல லட்சம் ரூபாயில் கட்டிடங்களையும், நன்-கொடை களையும் வழங்கிடத் தயாரானார். அரசாங்கமும் அவருக்கு மிக நன்றாக ஆதரவு வழங்கி ஊக்குவித்தது. துவங்கப்பட்ட பிறகு இக் கல்லூரியின் முழுப் பொறுப்பையும் திரு.நாயுடு அரசாங்கத்திடமே ஒப்படைத்து விட்டார்.

திரு. நாயுடு அவர்கள் எதையெதை எவ்வப்போது, எவரெவரைக் கொண்டு மக்களுக்கு நன்மைகளைச் செய்ய முடியுமோ, அவ்வப்போது அதையதை, அவரவரிடம் ஆதரவு பெற்றுச் செய்வதில் மிகவும் வல்லவர் என்பதால், சர்.ஹார்தர் ஹோப்பை பயன்படுத்தி அந்த இரு தொழிற் பள்ளிகளைத் துவக்கிப் புகழ்பெற்ற விந்தை மனிதராக விளங்கினார் திரு.நாயுடு அவர்களின் இந்த கல்வித் தொண்டு தொழிந் பரட்சிக்குரிய அடிப்படை செயலல்லவா?

இன்ஜினியரிங் படிப்பை இரண்டாண்டாக்கினார் - எப்-போதும், எதையாவது சிந்தித்துக் கொண்டே இருப்பவர் திரு. ஜி.டி.நாயுடு. காலத்தின் ஒரு நிமிடத் துளியைக் கூட வீணாக்க மாட்டார். அதனால்தான், பொறியியல் துறையில் கல்வி கற்றிடும் மாணவர்களது இன்சினியரிங் படிப்பை, திரு. நாயுடு முதல்வராக இருந்தபோது இரண்டாண்டாக மாற்றி-னார். ஓராண்டு கால உழைப்பை மாணவர்கள் வேறு எதற்-

காவது பயன்படுத்தி முன்னேற்றம் பெறட்டுமே என்ற நோக்-
கோடு அவர் அவ்வாறு குறைத்தார். ஆனால், அப் பள்ளி
நிர்வாகம் அரசுவிடம் ஒப்படைக்கப் பட்ட பிறகு, மீண்டும்
பொறியியல் படிப்பு மூன்றாண்டாக மாற்றப்பட்டு விட்டது.

ஆங்கில அரசு மீண்டும் மூன்றாண்டாக்கியதைக் கண்ட
திரு. ஜி.டி. நாயுடு, இரண்டாண்டே பொறியியற் துறைக்
கல்விக்கு அதிகமான காலம் ஆகும் என்று கருதி, நாட்டில்
கல்விப் புரட்சியை உருவாக்க நினைத்த அவர், ஆறு வாரம்
பயிற்சி வகுப்பு ஒன்றைத் துவக்கினார்.

என்ன அந்த ஆறுவாரப் பயிற்சி? - 'கோபால் பாக்'
என்ற கட்டித்தில் திரு. ஜி. டி. நாயுடு தனது ஆறு வாரம்
பயிற்சி வகுப்பை ஆரம்பித்தார். ஆறு வாரம் கூடத் தேவை-
யில்லை என்ற அவர், முதலில் மூன்று வாரம் பயிற்சி
வகுப்பு என்று அறிவித்துத் துவக்கினார். மறுபடியும் என்ன
நினைத்தாரோ, மீண்டும் ஆறு வாரம் பயிற்சி வகுப்பையே
நடத்த ஆரம்பித்தார்.

ஒர் இன்சினியர் படிப்புக்கு ஆறு வாரம், மூன்று வாரம்
படிப்பு போதுமா 21 நாட்களிலும், 42 நாட்களிலும் இன்-
சீனியர் படிப்பைப் படிக்க இயலுமா? இந்தியா முழுவதும்
பொறியியல் படிக்கும் மாணவர்கள், மூன்று அல்லது நான்கு
ஆண்டுகள் படிக்கும்போது, திரு.நாயுடு 3 வாரம் 6 வாரம்
என்கிறாரே என்று அறிஞர்களே வியந்த நேரமும் உண்டு.

ஆறு வாரம் பயிற்சி வகுப்புகள் கோபால் பாக்கில் நடந்த
போது, அறிஞர்கள் சிலர், அடிக்கடி அங்கே சென்று என்-
னதான் நடக்கிறது என்று பார்ப்போமே என்று நாயுடு அனு-
மதியோடு போய்க் கவனித்தார்கள்.

ஆறே வார இன்சினியரிங் கல்வி அருமையாக நடப்-
பதை அந்த அறிஞர்கள் பார்த்தார்கள். இந்தியா முழுவதும்
உள்ள கல்லூரிகளில் நடைபெறும் பொறியியற் கல்வியில்,
ஏட்டுப் படிப்புக்கே முதலிடம் கொடுக்கிறார்கள் அதாவது,
Theoryக்கே வேலையில்லை, எல்லாம் நேரடிப் பயிற்சிக்
கல்விதான். அதாவது, Practical படிப்புதான் இங்கே முக்-
கியமாகக் கற்பிக்கப்படுகிறது. நேரடிக் கல்வி என்றால் எப்-

படி?

பொறியியல் துறை மாணவர்கள் இங்கே இயந்திரங்களுக்கு இடையேதான் உலவவேண்டும். ஒவ்வொரு இயந்திரங்களின் செயல்கள் என்னென்ன? எப்படியெப்படி இயக்குவது? எதை யெதைச் செய்யலாம்? என்பதே அவர்களது. பொறியியல் படிப்பு ஆகும். மாணவர் காலை 7 மணிக்கு கோபால் பாக் வகுப்புக்கு வந்து விடுவார்கள். இரவு நேரங்களிலும் இயந்திரர் பயிற்சிகளைப் பெறுவார்கள்.

மோட்டார், வானொலி, கடிகாரம் பாக்டீரியாலஜி Bacteriology முதலிய துறைகளில் கோபால் பாக்கில் ஆறு வாரம் பயிற்சிகள் அதாவது Refresher course அளிக்கப் படுகின்றன.

பேராசிரியர் மட்டுமல்லர் நாயுடுவும் வகுப்பு நடத்துவார்!
- இந்தக் கல்வித் துறைப் பயிற்சியாளர்கள் யார் யார் தெரியுமா? பொறியியல் துறையில் மிகச் சிறந்த அனுபவம் பெற்ற பேராசிரியர்கள். விரிவுரையாளர்கள், தொழில் வல்லுநர்கள் போன்ற திறமை பெற்றவர்களே இங்கே பாடம் எடுக்கிறார்கள்.

இவர்கள் எல்லாரும் தொழில் கல்வி வளர பெரும்பாடு படும் பேரறிவாளர்களாகத் திகழ்கின்றார்கள். இந்த பெரும் கல்வி மான்களுக்கு இடையே திரு. ஜி.டி. நாயுடு அவர்களும் பயிற்சி வகுப்புக்களை நடத்துவார்.

இந்தியா முழுவதும் உள்ள கல்லூரிகளில் விடுமுறைக் காலம் வந்ததும் மாணவர்கள் அவரவர் வீடுகளுக்குச் சென்று விடுவார்கள். ஆனால், கோபால் பாக் நாயுடு பயிற்சிக் கூடத்தில், மாணவர்கள் விடுமுறைக் காலத்திலும் பயிற்சி வகுப்பில்தான் பாட அநுபவம் பெறுவார்கள். இந்த பயிற்சி வகுப்புகள் ஏப்ரல் மாதத்தில் ஆரம்பமாகும், ஜூன் மாதத்தில் முடிவடைந்து விடும்.

கோபால் பாக் பொறியியல் பயிற்சி வகுப்பில் சேர்க்கப்படும் மாணவர்களில் பலர், இந்திய நாட்டின் பொறியியல் கல்லூரிகளிலே பொறியியல் பட்டம் படிப்பவர்களாகவே இருப்பார்கள் என்பது குறிப்பிடத்தக்கது.

அரசு பொறியியல் துறையில் பணியாற்றுபவர்களும் சில நேரங்களில் இங்கே பயிற்சி பெறுவார்கள். எஸ். எஸ். எல்.சி. மாணவர் மாணவிகளில் நுண்ணறிவாளர்களும் இருந்தால், அவர்களையும் இந்தப் படிப்பில் சேர்த்துக் கொள்வதுண்டு.

தமிழ்நாடு, பஞ்சாப், மும்பை, கொல்கொத்தா, மத்திய பிரதேசம், தெலுங்கு தேசம், கேரளா, ஒரிசா என்று இந்நாளில் பெயர் மாற்றமடைந்திருக்கும் சில மாநிலங்களில் இருந்தெல்லாம் ஆண்டு தோறும் மனுக்கள் வந்து கொண்டிருக்கும். அவற்றில் 200 மாணவர்கள் மட்டுமே பயிற்சிக்குத் தேர்வு செய்யப்படுவார்கள்.

சர்.சி.வி. இராமன் பேசுகிறார் : தேர்வில் வெற்றி பெறுபவர்களுக்குச் சான்றிதழ் வழங்கப்படும். முதல் மாணவராகத் தேர்வு செய்யப்படுபவர்க்கு பரிசுகள் கொடுக்கப்படும். இந்த ஆறுவாரம் பயிற்சி வகுப்புக்கள் ஆண்டுக்கு ஒரு முறை அல்லது இரண்டு மூன்று தடவைகள் நடத்தப்பட்டு வநதன.

இவ்வாறாக நடந்து வந்த ஆறாவது ஆறு வாரம் பயிற்சி வகுப்பு 1951 - ஆம் ஆண்டு ஜூன் மாதம் முடிந்தபோது, நோபல் பரிசு பெற்ற தமிழ் விஞ்ஞானியான சர். சி. வி. ராமன் அவர்கள் தலைமையில் பரிசளிப்பு விழா நடைபெற்றது. சர். சி. வி. ராமன் அந்த விழாவிலே ஆற்றிய சொற்பொழிவை இந்தியக் கல்வி உலகம் பாராட்டியது. இதோ சர். சி.வி. ராமன்.பேசுகிறார் - கேளுங்கள்!

சர். சி.வி. இராமன் பரிசளிப்பு உரை! - அன்பார்ந்த பொறியியல் துறை மாணவர்களே! சுருக்கமாக் கூறுவதானால், கல்வித் துறையில் கற்றுக் கொடுக்கும் பாடங்களை விட, அவற்றால் விளையும் பயன்கள்தான் முக்கியமானது சுருங்கிய காலத்தில் ஆழ்ந்து பயின்று. நிறையக் கற்க வேண்டும் என்று கூறுபவர் ஜி. டி. நாயுடு. அவருடைய கொள்கையை நான் மனதார வரவேற்கின்றேன்; ஆதரிக்கின்றேன்.

மாணர்வகளுக்கு நேரிடைப் பயிற்சி, அதாவது Practical ஒர்க்ஸ் மிக மிகத் தேவை. அந்த முறையில்தான் எதையும்

சீராக, ஒழுங்காகக் கற்க முடியும். உதாரணமாக, தண்ணில் நீந்தும் நீய்ச்சலைப் பற்றி எத்தனை நூற்கள் படித்தாலும், நீய்ச்சல் வராது. நீருக்குள் குதித்துப் பயிற்சி பெற்றால்தான் நீய்ச்சல் கைகூடும்.

அதுபோல்தான் மோட்டார் தொழிலும்,- வானொலி போன்ற பொறியியற் கல்விகளும் அவற்றோடு எனது நண்பர் ஜி.டி. நாயுடு எல்லா நேரமும் போராடிக் கொண்டிருக்கிறார்! அவர்தான் உண்மையான பொறியியல் ஆசிரியர் அவரு- டைய கொள்கைதான் நடை முறைக்கு ஏற்றது, உகந்தது.

காலப் போக்கில் ஜி.டி.நாயுடுவின் கல்விக் கொள்கை- களை மக்கள் ஒப்புக் கொள்வார்கள். அவர் சொல்லுகின்ற நேரடிப் பயிற்சி முறை என்பது யாராலும் புறக்கணிக்கப்பட முடியாதது. ஆனால், நம் நாட்டில் இன்று பெரிதும் காணப்- படுவது ஏட்டுக் கல்விதான். அது பயனற்றது என்று நாயுடு அவர்கள் கூறுகின்ற பொழுது, நான் அதை ஏற்றுக் கொள்- வதைத் தவிர வேறு வழியில்லை.

நான் ஒரு விஞ்ஞானி என்ற முறையிலும், பல்கலைக் கழகத்தில் படித்தவன் என்ற முறையிலும் கூறுகிறேன், நேர- டிப் பயிற்சிதான் முதலில் தேவை. அதற்குப் பின்னர்தான் ஏட்டுக் கல்வி, என்பது எனது கருத்தாகும்.

நோபல் பரிசு பெற்ற தமிழ் நாட்டின் முதல் விஞ்ஞானி- யுமான திரு. சர். சி.வி. ராமன் மேற்கண்ட ஜி.டி. நாயுடு கருத்தை முழுக்க முழுக்க ஆதரித்து ஏற்றுக் கொண்ட பிறகும் கூட, இந்தியத் தேசிய ஆளும் கட்சியினர்களும், அவர்களைச் சேர்ந்த மாநில ஆட்சியினர் களும் அந்த மேதையின் விஞ்ஞான விளைவுகளை ஏற்க மறுத்து விட்- டார்கள் என்பதை வரும் அத்தியாயங்களில் அதைச் சற்று விரிவாகவே படிப்பீர்கள்.

தொழிலியல் விஞ்ஞானியாக விளங்கிய திரு. ஜி. டி. நாயுடு அவர்கள், மாணவர்களிடம் ஒழுங்கையும் கட்டுப்- பாட்டையும் விரும்புபவர். அவர் விதிக்கும் சட்ட திட்டங்- களைப் புறக்கணிப்பது மாணவர்களுக்கு அழகல்ல என்றும், அதுபோலவே ஒரு நிறுவனத் தின் கட்டுப்பாடுகளை சீர்கு-

லைக்கும் பணியாளர்கள் முன்னேற முடியாதவர்கள் என்றும் எண்ணுபவர். திரு. ஜி.டி.நாயுடு.

மாணவர்கள் ஒழுங்குமுறை! - கல்வி கற்கும் மாணவர்– கள் உடையார் முன் இல்லார் போல் ஏக்கற்றும் கற்றாரே கற்றார் என்ற குறட்பா போல, ஆசிரியர் முன்பும் ஏக்கற்றார் கற்றாராக கற்றார் என்ற கல்வி ஒழுக்கம் வளர வேண்டும் என்ற கருத்துடையவர் திரு. ஜி.டி. நாயுடு.

கல்வி பெறும் மாணவர்கள் கவனம்; பாட ஆசிரியரின் கருத்திலேயே வேரூன்ற வேண்டுமே தவிர, சிறு சிறு ஆசா பாசங்களிலோ, அல்லது வேறு எந்த கேலிக்கைகளிலோ திரும்பக் கூடாது என்று அடிக்கடி கூறுபவர் திரு. ஜி. டி. நாயுடு.

பள்ளி உணவு விடுதியில் தங்கியுள்ள மாணவர்கள் ஊர் சுற்றவோ, திரைப்படம் பார்க்கவோ அல்லது அரசியல் சொற் பொழிவுகளைக் கேட்கவோ போகக்கூடாது என்பது நாயுடு– வினுடைய கண்டிப்பான கட்டளை.

ஒரு வேளை மாணவர்கள் அதை மீறுவார்களானால், தயவு தாட்சண்யமின்றி, உடனே அத்தகைய மாணவர்கள் கல்விக் கோட்டத்தை விட்டு நீக்கப் படுவார்கள். பிறகு எந்த பரிந்துரை வந்தாலும் அவர்கள் மீண்டும் சேர்த்துக் கொள்– ளப்பட மாட்டார்கள்.

ஜி.டி. நாயுடு கல்விக் கோட்டத்தில் வாரத்திற்கு ஒரு நாள் விடுமுறை உண்டு. அந்த நாளிலும் கூட மாணவர்கள் கல்விச் சிந்தனையோடுதான் தொடர்புடையவர்களாக இருக்க வேண்டுமே தவிர, ஆட்டம் பாட்டமோ, ஆடம்பர கேளிக்கைகளிலோ ஈடுபடக் கூடாது.

வாரம் ஒரு நாள் விடுமுறையைத் தவிர, மற்ற நாட்களில் மாணவர்கள் கல்விக் கோட்டத்திற்கு வந்தாக வேண்டும். எக் காரணத்தைக் கொண்டும் விடுமுறை வேண்டக் கூடாது.

மாணவர்கள் படிக்கக் கூடாத ஆபாசமான புத்தகங் களையோ, கதை, நாவல்களையோ, பத்திரிக்கைகளையோ படிக்கக் கூடாது. மீறிப் படித்தால் அவர்களுக்குக் கடும் தண்டனை விதிக்கப்படும்.

உணவு விடுதிகளில் தங்கியிருக்கும் மாணவர்கள், தங்கள் அறையையும், சுற்றுப் புறத்தையும் சுத்தமாக வைத்திருக்க வேண்டும். தவறினால், அன்று முழுவதும் உணவு விடுதியை அந்த மாணவர்கள் சுத்தம் செய்து கொண்டே இருக்கும் தண்டனையைப் பெறுவார்கள்.

உணவு உண்ணும் மாணவர்கள் இலையில் சோத்துப் பருக்கை ஒன்று கூட இருக்கக் கூடாது. மீதம் ஏதாவது இலையில் இருந்தால், அவர்கள் ஒரு நாள் முழுவதும் சமையல் வேலையைச் செய்தாக வேண்டும்.

கொடுத்த தண்டனையை நிறைவேற்றாத மாணவர்க-ளுக்கு, மறுநாள் அந்தத் தண்டனை இரு மடங்கு தண்-டனையாக்கப்படும். அதற்கும் அந்த மாணவர்கள் கட்டுப்ப-டவில்லை என்றால், அவர்கள் அந்தப் பள்ளியை விட்டே நீக்கப்படுவார்கள் என்பது உறுதி.

மாணவர், சமையலர் எடை குறைந்தால், அதிகமா-னால்....! - உணவு விடுதியில் உள்ள மாணவர்களது உடல் எடையும், விடுதியில் வேலை செய்பவர்களின் எடையும் வாரம் ஒரு முறை சோதித்துப் பார்க்கப்படும்.

இந்த எடை சோதனையை எதற்காகச் செய்கிறார். ஜி. டி. நாயுடு என்று கேட்கிறீர்களா? வேறொன்றுக்கும் இல்லை. எல்லாம் ஒழுக்கத்தை ஒழுங்காகக் காப்பாற்றுவதற்குத்தான்! என்ன புரிந்ததா?

உடல் எடை சோதனை போடப்பட்ட மாணவர்களில் யாருக்காவது ஒரு வாரத்தில் 5 பவுண்டு எடை கார-ணமில்லாமல் குறைந்தால், அந்த மாணவனுக்கும், அதே போல, எந்த வேலைக்காரனுக்காவது ஒரு வாரத்தில் 5 பவுண்டு எடை அதிகரித்திருக்குமானால் இந்த இரண்டு பேரும் உணவு விடுதியை விட்டு நீக்கப்பட்டு விடுவார்கள்.

விஞ்ஞானி சர். சி. வி. இராமன் பேசுகிறார்! - கோபால் பாக்கில் படிக்க வரும் பொறியியல் மாணவர்களை ஜி. டி. நாயுடு இவ்வளவு கடுமையான விதிமுறைகளால் பாதுகாத்து வரும்.போக்கைக் கண்ட விஞ்ஞானி சர். சி. வி.ராமன், 9.6.1951- அன்று நடைபெற்ற மாணவர்களது பரிசளிப்பு

விழாவில் பேசும்போது:

அருமை மாணவர்களே! நாயுடு அவர்கள் உங்களிடத்தில் ஒழுக்கத்தையும், கட்டுப்பாட்டையும் கண்டிப்பாக அமல் நடத்துகிறார். தவறான வழியில் நடப்பவர்களுக்கு கடுமை-யான தண்டனைகளை வழங்குகிறார். அதன் மூலம் அவர் உங்களுக்கு ஒரு நல்ல பாடத்தைக் கற்றுக் கொடுக்கிறார்.

அந்தப் பாடமும், பயிற்சியும் இங்கே படிக்கும் ஆண்டு-கள் வரைக்கும் மட்டும்தான் பயன்படும் என்று நினைக்கா-தீர்கள். உங்களுடைய வாழ்நாள் முழுவதுக்குமே பயன்படும் ஒழுக்கப் போதனையாகும்.

இன்று நாங்கள் கையெழுத்திட்டு உங்களுக்குத் தருகின்ற இந்த பட்டயத்தையும், நற்சான்றிதழையும் விட,நீங்கள் இங்கே பெற்றுக் கொண்ட ஒழுக்க விதி முறைப் பேனல்கள் பேராற்றலும்–பெருமதிப்பும் வாய்ந்ததாகும் என்பதை மறந்து விடாதீர்கள்.

மனிதப் புலியான இந்த நாயுடுவின் கொடுமை நிறைந்த குகைக்குள் சில வார காலம் பொறுமையோடு தங்கியிருந்து, சோதனையில் வெற்றி கண்ட உங்களை நான் பெரிதும் போற்றுகின்றேன்.

நாயுடு அவர்கள் உங்களிடத்தில் எவ்வளவு அன்போடு இருக்கிறார் என்பதை, அவர் உங்களை ஒரு பவுண்டு கூட எடை குறையாமல் பார்த்துக் கொள்கிறதிலிருந்தே தெரிய-வில்லையா? உங்களது பொருட்களை அவர் எவ்வளவு எச்-சரிக்கையோடு கண்காணிக்கின்றார் என்று!

உங்களுடைய உணவு விடுதி பணியாட்களின் எடையைச் சோதித்துப் பார்ப்பதின் மூலம் தெரியவில்லையா? நண்பர் நாயுடுவை யாராலும் ஏமாற்ற முடியாது. அவர் ஓர் ஆண் சிங்கம். அவரைத் தவிர வேறு யாரும் மாணவர்களின் ஒழுக்கத்திலும், கட்டுப் பாட்டிலும் இவ்வளவு கவனம் செலுத்தி, விதி முறைகளைக் கண்டிப்பாக அமல் நடத்துவ-தாக எனக்குத் தெரியவில்லை!

நீங்கள் அவரிடம் பயிற்சி பெற்றதன் மூலம் யாருமே அடையாத இலாபத்தை அடைந்திருக்கிறீர்கள். அவருடைய

உயர்ந்த பண்பு, உறுதியான உள்ளம், அஞ்சாத தன்மை, அசைக்க முடியாத குறிக்கோள் ஆகியவற்றை நீங்களும் பெற வேண்டும் என்பதே எனது தாழ்மையான ஆசை, என்றார்.

நாயுடுவின் கல்விக் கொள்கைகள்! - திரு. நாயுடு அவர்களின் கல்விக் கொள்கைகள் சிலவற்றைக் காண்போம்:

'பாட திட்டத்தில் மாணவர்களுக்குத் தேவையற்ற பகுதிகள் எவ்வளவோ இருக்கின்றன. கலந்துள்ள அந்தப் பகுதிகளை நீக்கி விட்டுப் பாடங்களைச் சுருக்கமாகவும், இனிமையாகவும் இருக்கும்படிச் செய்ய வேண்டும்.

ஏட்டுப் படிப்பை எடுத்துவிட வேண்டும். நேரடிப் பயிற்சியாகவே எல்லா போதனைகளும் அமைய வேண்டும்.

தொழிற் கல்விதான் முதல் தேவை. அதுதான் நாட்டின் வேலையில்லாத் திண்டாட்டத்தைப் போக்கும். மக்களிடையே உள்ள வறுமைகளை நீக்கும். நாட்டை முன்னேற்றுவிக்கும், பலவிதத் தொழில் வளங்கள் நாட்டில் பெருக்கும்.

ஒவ்வொரு படிப்புக்கும் தேவையான காலத்தை ஆண்டுக் கணக்கிலிருந்து மாதக் கணக்கிற்குக் குறைத்து விட வேண்டும்.

கல்வித் துறையில் திரைப்படம் சக்தியைப் பெரு மளவில் பயன் படுத்தலாம். கல்விக் கோட்டங்களுக்கு வாரம் ஒரு நாள் விடுமுறை விட வேண்டும். ஆண்டுக்கு 52 நாட்கள் விடுமுறை விடுத்தாலே போதுமானது.

அதிகப்படியான விடுமுறைகளை மாணவர்களுக்கு விடுத்தால், அவர்களது கல்வி நோக்கம், கவனம் சீர்குலையும் எனவே, அதிக நாட்கள் விடுமுறை தேவையற்றது.

மாணவர்களுக்கு காலையிலும் - மாலையிலும், இரவிலும் கல்வி வகுப்புகள் நடத்தப் படல் வேண்டும்; அதே நேரத்தில் இடையிடையே அவர்களுக்கு ஓய்வு வழங்கப்பட வேண்டும்.

மாணவர்கள் கட்டாய உணவு விடுதியிலேயே தங்க வேண்டும். அவர்கள் செலவுக்குத் தேவையான பணத்தைக்

கல்வி நிலையத்தில் வேலை பார்த்தே வருவாய் பெறலாம். மாணவர்களது எண்ணங்கள், களியாட்டப் பொழுதுப் போக்-குகளிலும், வீண் விதண்டா வாத சச்சரவுகளிலும் ஈடு படா-தபடி வேலைகளை அதிகமாக வாங்கலாம், அது நல்லதும் கூட!

வேலையை அவ்வாறு அவர்களிடம் பெறுவதின் மூலம், அவ்வப்போது அவர்களிடம் கட்டுப்பாடு, நல்லொழுக்கம், பொறுப்புணர்ச்சிகள், அன்புப் பரிமாற்றங் கள். நன்மைக-ளைச் சிந்திக்கும் சிந்தனைகள் தோன்றும். தான் தோன்றித் தனம், ஒத்துழையாமை உணர்வுகள் ஓடி மறையும்.

இவை மட்டுமே போதா. ஆண்டாண்டு தோறும் ஒவ்-வொரு பள்ளியிலும் அதனதன் திறமை, நன் நடத்தை, மாணவர்களது முற்போக்குச் சிந்தனைகளை நாட்டும் பொருட்காட்சிச் சாலைகளை நடத்துவது நல்லது.

அவற்றை நடத்துவதற்கு மாணவர்களுக்குப் போதிய அக்கறையையும், பொறுப்புணர்ச்சியையும் அந்த பள்ளிக் கல்வி உருவாக்க வேண்டும்.

கல்விக் கோட்டங்களில் ஆசிரியர்களை குறைவாகவே நியமிக்கப் படல் வேண்டும். அவர்கள் எல்லாத் துறைக-ளிலும் திறமைசாலிகளாக இருத்தல் வேண்டும். அவர்களு-டைய பணி, மாணவர்கள் முன்னேற வழிகாட்டுவதே ஒழிய, பள்ளிகளுக்கு வந்து தமிழ்ப் பாடத்தை ஏற்றுப் பாட்டுகளைப் போல ஏற இறங்கப் பாடுவதும், மற்ற பாடங்களை மாணாக்-கர், மாணாக்கியர்போல மனனம் செய்ததை சொற்பொழி-வாற்றுவதுமே ஆசிரியர்கள் பணிகளல்ல!

கலைக் கல்லூரிகள் துவக்கப்படுவதை ஓரளவோடு நிறுத்-திக் கொண்டு, தொழிற் கல்லூரிகளையும், பல்கலைக் கழகங்களையும் அரசாங்கமே அமைத்து நடத்தப் படல் வேண்டும்.

அவைதான் மாணவர்களுக்குரிய வாழ்க்கைப் பயிற்சியை அளிக்கும். மடி தவழ்ந்த மாணவர்களாக மாறார்!

ஏட்டுக் கல்விக்கு அங்கே முக்கியத்துவம் இல்லாமை-யால், மாணவர்களின் உடலும்-உள்ளமும் உருக்குலையா.

கண்விழித்து அவர்கள் நீண்ட நேரம் மனப் பாடம் செய்யவோ, படிக்கவோ ஒன்றுமில்லை.

வாழ்க்கையும்-கல்வியும் ஒன்றாக இணையும் இடம் பல்கலைக் கழகமாதலால், அங்கே கடமையும், பொறுப்பு உணர்ச்சியும் வளரும். என்பதே உண்மை.

தொழிலியல் துறை விஞ்ஞானியாக மட்டுமே விளங்கி வந்த ஜி. டி. நாயுடு அவர்கள், தோன்றிய துறையான கல்வித் துறையிலும் புகழ்மிக்க சிந்தனையாளராக அறிமுகமாகி, தனது புகழ்க் கொடியை கல்வித் துறையிலும் நாடளாவ, அறிவளாவ பறக்க விட்டுக் கொண்டிருந்தார். தனக்கென சில உயர்ந்தக் கொள்கைகளை வகுத்துக் கொண்ட கல்விக் கோமாக விளங்கியவர் திரு. ஜி.டி. நாயுடு அவர்கள்.

திரைப் படத் துறையை கல்விக்குப் பயன் படுத்தலாம் என்றும் அவர் யோசனை கூறினார். கல்விக்குரிய வளர்ச்சியை திரைப்படத்தின் மூலமும் ஆற்ற முடியும் என்றார் அவர்.

திரைப்படம் மூலம் : கல்விப் பயிற்சி! - அறிஞர் அண்ணா அவர்கள் ஒரு முறை பேசும்போது, 'நான்கு திரைப் படங்களை சென்சார் செய்ய மாட்டேன் என்று மத்திய அரசும், மாநில அரசும், எனக்கு வாக்களிக்குமானால், நான் நிச்சயமாகத் திராவிட நாட்டைப் பெற்றுத் தருவேன்.'

"அந்த எனது எண்ணத்தை மக்கள் இடையே திரைப்படமாக்கிக் காட்டி நியாயங்களை உணர்த்துவேன். நிச்சயமாக மக்கள் ஆதரவு எனக்குக் கிடைக்கும்" என்று குறிப்பிட்டார்.

இந்த எண்ணம் திரு. ஜி. டி. நாயுடு அவர்களது கல்விக் கொள்கையைப் போல இருக்கின்றதல்லவா? எனவே, திரைப் படத்தின் மூலம் அறிவுப் பிரச்சாரம் செய்தால் அது உறுதியாக உள்ளத்தைத் துளைத்து ஊடுருவி மக்களைச் சிந்திக்க வைக்கும் தானே!

தனது ஆறுவாரம் பொறியியல் பயிற்சி வகுப்பை, திரு. ஜி. டி. நாயுடு அவர்கள், அப்படியே கட்டம் கட்டமாகத் திரைப்பட மாக்கிடத் திட்டமிட்டார்.

இந்தத் திரைப் படத்தை உலக அரங்குகளில் வெளி-யிட்டுக் காட்ட விரும்பினார். அதற்கு என்ன செலவாகும் என்று திரையுலகினருடன் கணக்கிட்டதில், அப்போதைய கால அளவுச் செலவிலே ஐந்து லட்சம் ரூபாயாகும் என்று கணக்கிடப்பட்டது.

பணத்துக்காக ஜி. டி. நாயுடு வருத்தபடவில்லை. செல-வழிக்கத் தயாராகவே இருந்தார். ஆனால், அப்போது படம் எடுக்கும் கச்சா படச் சுருள் கிடைப்பது மிகவும் கஷ்டமாக இருந்தது. தேவையான படச் சுருள் நாயுடு அவர்களுக்குக் கிடைக்கவில்லை. அதனால், படமெடுக்கும் முயற்சியை திரு. ஜி. டி. நாயுடு கைவிட்டு, மேற் கொண்ட தொழிற் கல்வித்துறை பணிகளிலே ஈடுபட்டு உழைத்தார்.

12. விந்தைகள் பல செய்த விவசாய விஞ்ஞானி

"நத்தம்போல் கேடும் உளதாகும்; சாக்காடும்
வித்தகர்க்கு அல்லால் அரிது"

ஐயன் திருவள்ளுவர் பெருமான் தமிழ் இனத்துக்கென வகுத்தளிக்கப்பட்ட 'தமிழ் மறை'யில், மேற்கண்டவாறு தமி-ழர் நாகரீகத்தை நமக்கு நினைவூட்டுகிறார்.

இந்தப் பொய்யாமொழிக்கு, சிலர் சிலவாறு உரை உணர்த்தியிருந்தாலும், திருக்குறளார் வீ. முனுசாமி அவர்-களின் "உலகப் பொதுமறை திருக்குறள் உரை விளக்கம்" நூலில், "புகழுடம்பிற்குப் பேரூக்கமாகும் கெடுதியும், அந்த புகழுடம்பு நிலைத்து நிற்பதற்கு, இறத்தலும், சிறந்த பல்க-லைத் திறமையுடையவர்களுக்கு அல்லாமல் - மற்றையோ-ருக்கு முடியாததாகும்" என்கிறார்.

புகழ் உடம்புக்கு கேடுகள் பெருகி வரும். அப்படிப்பட்ட புகழுடம்பு நிலைத்து நிற்பதற்கு இறத்தலும் நேரும். ஆனால், இவை யாருக்கு வரும்? சிறந்த பல்கலைத் திறமையை உடைய வர்களுக்கே அல்லாமல், மற்றவர்களுக்கு வாராது;

முடியாததாகும்" என்பதே திருக்குறள் உரை விளக்கம் பொருளுரை ஆகும்.

ஆனால், இதே குறளுக்குப் பேராசிரியர் சாலமன் பாப்-பையா அவர்கள், சற்றுத் தெளிவாகவே பொய்யாமொழியா-ரின் உள்ளத்தை நமக்கு உணர்த்துகிறார். அதாவது:

"பூத உடம்பின் வறுமையைப் புகழுடம்பின் செல்வ மாக்-குவதும், பூத உடம்பின் அழிவைப் புகழுடம்பின் அழியாத தன்மை ஆக்குவதும், பிறர்க்கு ஈந்து, தாம் மெய் உணர்ந்து, அவா அறுத்த வித்தகர்க்கு ஆகுமே அன்றி, மற்றவர்க்கு ஆவது கடினம். இதுதான் புகழின் சிறப்பாகும்" என்கிறார்.

எனவே, திரு. ஜி.டி. நாயுடு அவர்கள் சிறந்த பல்கலைத் திறமையாளர். அவற்றுக்குச் சான்றாகத் தொழிலியல் துறை-யிலே ஒரு விஞ்ஞானியாகவும், பொருள் உற்பத்தியிலே சிறந்த வித்தகராகவும், கண்டுபிடித்த விஞ்ஞானக் கருவி-களை மக்கள் மன்றங்கள் இடையே செல்வாக்கைச் செழிக்க வைப்பதிலும், உலகம் வியக்கும் மேதையாகத் திகழ்ந்தவர் என்பதை இதுவரை நாம் கண்டு களித்தோம்!

வறுமை வழுக்கு நிலம் கலைக் கல்லூரி ஊன்றுகோல் கல்வி! - இரண்டாவதாக, திரு. நாயுடு அவர்கள், கலைக் கல்லூரி களைவிட தொழிற் கல்விக்கு பெருமை ஏற்படுத்தி, நாட்டையும் மக்களையும் வறுமை என்ற வழுக்கு நிலத்திலே காலிடறி விழாமல் அதைத் தடுக்கும் ஊன்றுகோலாக, தொழிற் கல்லூரிகளைத் திறந்ததோடு நில்லாமல், பல தொழிற்சாலைகளைத் தனது திறமையால் உருவாக்கி, அவற்றுக்கு அரசு ஆதரவுகளையும் பெற்று மக்களிடம் நிலையான புகழுடம்பை நாட்டியவர் திரு. நாயுடு அவர்கள்.

திரு. நாயுடு அவர்கள் இயந்திரங்கள் இடையே வாழ்ந்து வந்தாலும், அவர் இரும்பு இதயம் படைத்தவர் அல்லர் பல நேரங்களில் அவர் கரும்பு இதயமாகவும் இருந்தவர். அவரி-டம் பழகியவர்கள் இதை அறிவர்!

இந்தப் புத்தகத்தை எழுதுகின்ற நான், விஞ்ஞான விந்-தையாளர் திரு. ஜி.டி. நாயுடு அவர்களோடு எனது வயதுக்-

கேற்ற வரம்புக்குள் மும்முறை சந்தித்து உரையாடி, அவருட-
னேயே ஓடிப் பின் தொடர்ந்த ஒரு நிருபன். நான் அப்-
போது 'முரசொலி', 'மாலை மணி' நாளேடுகளின் துணை-
யாசிரியனாகப் பணியாற்றிக் கொண்டிருந்த நேரம்.

'முரசொலி'யில் நான் பணிபுரிந்தபோது, தஞ்சை மாந-
கரில் நடைபெற்ற "மாணவர் இந்தி எதிர்ப்பு மாநாட்டில்
கலந்து கொண்டு உரையாற்றிட திரு. ஜி.டி. நாயுடு வந்-
திருந்தார். அந்த மாநாட்டை நடத்தியவர்கள் மாணவர்கள்
ஆவர். குறிப்பாக இன்றுள்ள ம.தி.மு.க. அவைத் தலைவர்
எல். கணேசன், தற்போது மாவட்ட ஆட்சியராக உள்ள
இராசமாணிக்கம், மா. நடராசன், நாவளவன், ஜீவா கலை-
மணி, மக்கள் தொடர்பு துணை இயக்குநர் திருச்சி பரதன்
போன்ற பலர் மாணவர் மாநாட்டை நடத்திய முக்கியமான-
வர்கள் ஆவர்.

தஞ்சை மாணவர் மாநாட்டில் நாயுடு! - அந்த மாநாட்-
டில் அறிஞர் அண்ணா உட்பட அன்றைய தி.மு.க. தலை-
வர்கள் அனைவரும் கலந்து கொண்டு எழுச்சி உரை ஆற்-
றினார்கள். தி.மு.க. அல்லாத திரு. ஜி.டி. நாயுடு அவர்கள்
தமிழ் மொழிப் பற்றால், இந்தியை எதிர்த்து தஞ்சை மாண-
வர் மாநாட்டில் வீர முழக்கமிட்டார்.

திரு. ஜி.டி. நாயுடு அவர்களின் ஒவ்வொரு பேச்சும்,
கருத்தும், பூம்புகார் நகரைத் தாண்டிப் பொங்கி எழுந்த வங்-
கக் கடல் அலைகள் திரண்டெழுந்து வந்து அலையொலி-
களைக் கையொலிகளாக எழுப்பினவோ என்று எண்ணத்
தக்க வகையில், அவருடைய பேச்சுகளுக்குத் தஞ்சை நகர்
பாசறைத் திடலில் கூடியிருந்த தமிழ்ப் பெருமக்கள் தங்களது
வீர ஒலிகளை விண்ணதிர, மண்ணதிர எழுப்பிக் கொண்டே
இருந்தார்கள். ஜி.டி. நாயுடு அவர்களது தமிழ் வீர உரை
அத்தகைய ஓர் எழுச்சியை எழுப்பியபடியே இருந்ததை
நான்தான் 'முரசொலி' ஏட்டில் வெளியிட தஞ்சையிலிருந்து
அஞ்சலில் அனுப்பினேன்.

சிவகங்கை இந்தி எதிர்ப்பு மாநாட்டில் நாயுடு உரை!
- அடுத்து அதுபோன்ற மற்றோர் இந்தி எதிர்ப்பு மாநாடு,

மாணவர் மணிகளால் சிவகங்கை நகரில் நடத்தப்பட்டது. அந்த மாநாட்டிற்கும், திரு. ஜி.டி. நாயுடு வந்து கலந்து கொண்டார்.

அந்த மாநாட்டில் திரு. ஜி.டி. நாயுடு ஆற்றிய வீர உரையில், மருது சகோதரர்கள் இங்லிஷ் தளபதியை எதிர்த்துப் போரிட்ட வாளோசை ஒலிகள் எதிரொலித்தன. வீராங்கனை வேலு நாச்சியாரின் வீர உணர்ச்சிகள் தமிழ் மாணவர்களைத் தட்டி எழுப்பி வெங்களத்திலே விளையாட வைத்தன. காரணம், அந்த வீர மங்கை நடமாடிய மண் இந்த சிவகங்கை என்றார் திரு. நாயுடு.

இந்தி எதிர்ப்பு போரிலே செங்களம் காணத் திரண்டிருந்த செருமுனைச் செம்மல்களான மாணவர் படைகள், விந்தை மனிதர் ஜி.டி. நாயுடு அவர்களின் வீர உரையைக் கேட்டு வியந்து வியந்து கையொலிகளை எழுப்பிக் கொண்டிருந்த காட்சிகள், தமிழ் மக்களைக் கனல்பட்டக் கந்தகம் போல, இந்தி ஒழிக, ஒழிக. இந்தி, தமிழ் வாழ்க!" என்ற ஒலிகளை எழுப்பியதைக் கண்ட திரு. நாயுடு அவர்கள், தனது பேச்சு வலிமைகளை மேடையை விட்டு இறங்கிய பின்பு உணவுக்குப் போகும் வழியில் காரிலே செல்லும்போது, மக்களது உண்மையான தமிழ் ஆவேச உணர்ச்சிகளையும், இந்தி எதிர்ப்பு எழுச்சிகளையும் அன்று கண்டதாக அந்த மேதை என்னிடம் குறிப்பிட்டார். அப்போது மாணவர் தலைவர்களிலே ஒருவரான நாவளவன் என்பவரும் அந்தக் காரிலே எங்களுடன் வந்திருந்தார்.

எனவே, திரு. நாயுடு அவர்கள் இரும்புடனேயே தனது வாழ்நாளின் பெரும் பகுதி, நாட்களை கழித்தவர் என்றாலும், அவரது இதயம் இரும்பாக இல்லை. எண்ணற்ற இடங்களில் கரும்பாகவும் திகழ்ந்தார்.

தாய்மொழிக்குப் பங்கம் வந்தபோது அவர் கனல் பட்டக் எண்ணெய்க் கடுகு போல வெடித்து ஒலி எழுப்பினார். அத்தகைய ஒலிகள்தான் தஞ்சைப் பாசறைத் திடல் மாணவர் இந்தி எதிர்ப்பு மாநாட்டிலும், சிவகங்கை மாநாட்டிலும் திரு. நாயுடு பேச்சுகள் அமைந்திருந்தன என்பதற்காகவே இங்கே

சுட்டிக் காட்டினேன்!

அதே ஜி.டி. நாயுடு அவர்கள் நமது நாட்டு விவசாய அருமைகளை உணர்ந்து செயல்பட்டார். மாடு கட்டிப் போராடித்தால் மாளாது செந்நெல் என்று, ஆணைக் கட்டிப் போராடித்த விவசாயப் பெருமக்களது பண்டை நாட்களின் அருமை. பெருமைகளுக்குத் திரு. ஜி.டி. நாயுடு மீண்டும் புது வரலாறு படைத்தார்.

தொழில் வளர்ச்சி ஒன்றே நாட்டின் வறுமையை முழுக்க முழுக்க போக்கி விடாது என்பதை உணர்ந்த திரு. நாயுடு அவர்கள், நமது நாடு விவசாய நாடு என்பதையும், விவ-சாயிகள்தான் உலகுக் குரிய உணவை விளைவித்து வாழ வைப்பவர்கள் என்பதையும் நன்கு புரிந்தவர்தான் நாயுடு அவர்கள். அதனால், விவசாயத்தில் புதிய மறுமலர்ச்சிக-ளைச் செய்ய முடியுமா என்று அவர் சிந்தித்தார்!

விவசாயத்தில் விஞ்ஞானம்! - சிறந்த கருவிகளையும், இன்றைய நிலைக்கு ஏற்ற விவசாய உரங்களையும் பயன்ப-டுத்தி விளைச்சலை விருத்தி செய்ய முடியுமா என்று சிந்-தித்து அதற்கான வழிகளை நாடினார். விவசாயத்தில் விஞ்-ஞானம் ஊடுருவ வேண்டும். அப்போதுதான் விளைச்சல் பெருகும் என்று விவசாயகளுக்கு விளக்கம் கூறினார்!

புதிய முறைகளை விவசாயத்தில் புகுத்தி உணவுப் பொருட்களை எப்படியெல்லாம் பெருக்க முடியும் என்பதை அவர் கிராம மக்களுக்கு எடுத்துரைத்தார்.

மேல் நாட்டில் 1950-ஆம் ஆண்டில் ஸ்டாக்ஹோம் என்ற நகரில் அனைத்துலக விவசாயிகள் மாநாடு நடை-பெற்றது. அம் மாநாட்டில் திரு. ஜி.டி. நாயுடு கலந்து கொண்டு விவசாயம் மேம்பாடுகளையும் அரிய உரையாக நிகழ்த்தினார்.

கோவை மாவட்ட விவசாயக் கல்லூரியின் வளர்ச்சிக் குழு உறுப்பினராக இருந்த நாயுடு, மீண்டும் அந்தக் குழு கூடியபோது சில விவசாய விஞ்ஞான விந்தைகளை அவர் விளக்கிப் பேசினார்.

தொழிலியல், பொறியியல் வித்தகங்களை நன்குனர்ந்த திரு. நாயுடுவுக்கு, கிராமத்து விவசாயம் பற்றி என்ன தெரியும் என்று எண்ணியவர்கள் மத்தியில், அவர் விவசாயம் குறித்து என்னென்ன குறிப்பிட்டாரோ தனது உரையில், அவையனைத்தையும் சோதனைகள், வாயிலாகச் செய்து காட்டியதைப் பார்த்தவர்கள் வியந்து போனார்கள்!

இவ்வாறு நாயுடு செய்த சோதனைகள் விவசாயத் துறையில் அன்று வரை எவரும் செய்து காட்டாத புதுமைகளாகவே இருந்தன. அதனால் விவசாய உற்பத்திக்கு அவை புது வழிகளாக அமைந்தன.

கோயம்புத்தூர் நகருக்கு அடுத்துள்ள போத்தனூர் என்னும் நகரில், திரு. நாயுடு தனது விவசாய விந்தைகளை, அதற்கான ஆராய்ச்சிகளைச் செய்திட ஒரு விவசாயப் பண்ணையைச் சொந்தமாக அமைத்தார். 40 ஏக்கர் நிலத்தில் அந்தப் பண்ணை உருவானது. என்னென்ன மரம், செடி, கொடிகளையும், மற்ற தாவர வகைக ளையும் அந்தப் பண்ணையில் வைத்து உருவாக்க முடியுமோ அவை அனைத்தையும் அங்கே வைத்துப் பாதுகாத்தார் நாயுடு அவர்கள்.

போத்தனுசரில் விவசாயப் பண்ணை! - இந்த விவசாயப் பண்ணையில் அவர் செய்த ஆராய்ச்சிகள் ஏராளம். அவற்றுள் சில வெற்றிகளையும் சில தோல்விகளையும் விளைவித்தன. என்றாலும், அவற்றைப் பற்றியெல்லாம் கவலைப் படாமல், மேற்கொண்டு பணம் செலவழித்து அந்தப் பண்ணையை காண்போர் வியக்கும் வண்ணம் நாயுடு வளர்த்து வந்தார்.

அந்தப் பண்ணையில் திரு. நாயுடு 1941-ஆம் ஆண்டு வாக்கில், முதல் ஆறு ஆண்டுகள் இடைவிடாமல் பல சோதனை களைச் செய்தார். பருத்தி, சோளம், கேழ்வரகு, பப்பாளி, ஆரஞ்சு, வாழை, காலி பிளவர் போன்ற பயிர்களை அவர் அங்கே ஆராய்ந்தார். அதற்கான மருந்துப் பொருட்களை ஊசி மூலமாக அந்தச் செடிகளின் வேர், தண்டு, பழம் ஆகியவற்றுள் பேட்டார். அதன் பலன்களை

இந்தப் புத்தகத்தின் ஆரம்பத்தில் சுருக்கமாகப் படித்தீர்கள். இப்போதும் சற்று விரிவாகவே அவற்றை அறிவோம். பருத்திப் பயிர் புலன்!

பருத்தி பயிர் சாதானமாக மூன்றடி முதல் நான்கு அடிகள்தான் வளரும். ஆனால், ஜி.டி. நாயுடு பயிரிட்ட பருத்திப் பயிர், பத்து அடி முதல் பதினைந்து அடி வரை வளர்ந்தது என்றால் இதுவே ஒரு விந்தைதானே!

சாதாரண பருத்தி என்ன விளைச்சலைக் கொடுக்குமோ, அதைவிட நாயுடு அவர்களின் பருத்தி ஐந்து மடங்கு பலனை விளைச்சலாகக் கொடுத்தது.

சாதாரணமாக, மற்ற விவசாயிகள் பயிரிடும் பருத்தி பயிர் ஆறு மாதங்கள்தான் உயிர் வாழ்ந்து பலனைக் கொடுக்கும். நாயுடு பருத்தி அதற்கு மாறாக, நான்கு ஆண்டுகள் வரை உயிரோடு வாழ்ந்து பல மடங்குப் பலனைக் கொடுத்தது.

திரு. நாயுடு பயிரிட்ட பருத்திச் செடியில் இரண்டரை அங்குல இழையுள்ள இருபத்து நான்கு இராத்தல் பருத்தி விளைவதைக் கண்ட மற்ற விவசாய மக்கள் ஆச்சரியப்-பட்டார்கள். இதில் இன்னொரு அதிசயம் என்னவென்றால், நாயுடு அவர்களின் பருத்திச் செடியின் விதைகளை மீண்-டும் விதைக்கும்போது; நான்கே மாதங்களில் அவை பயிராகி ஐந்தடிச் செடிகளாக உயர்ந்து விடுகின்றன.

12 அடி உயரம் வளரும் துவரைப் பயிர்!

துவரைச் செடி 5 அல்லது 6 அடி உயரம் உடையதாய் விளையும். ஒவ்வொரு செடியும் 8 அவுன்ஸ் தானியப் பயிர்-களைக் கொடுக்கும். அவை 9 மாதங்கள் உயிரோடு இருக்-கும்.

ஆனால், திரு. நாயுடு அவர்களால் ஊசிப் போடப்பட்டு, வளர்ந்த பயிர் - 12 அடிகள் வரை, அதாவது, இரண்டு மனிதர்களை ஒரே நீளமாக்கிப் பார்த்தால் எவ்வளவு உயர-மாகத் தோற்றமளிப் பார்களோ, அதைப் போலவே துவரைச் செடியாக அல்லாமல் மரம் போல காட்சி தந்தது.

அந்த துவரை மரத்தின் பயிரிலிருந்து 60 அவுன்சு பயிர் தானியங்களைப் பெறலாம். இந்தத் துவரைப் பயிர் 4 ஆண்-

டுக் காலம் உயிரோடு வாழ்கின்றது. ஒருவேளை துவரைப் பயிர்களை எதிர்பாராமல் நோய் தாக்குமானால்கூட, குறைந்தது அந்தப் பயிர் ஓராண்டுக் காலம் உயிரோடு வாழ்ந்து பலன்களைக் கொடுத்து வரும்.

15 அடிகள் வளரும் சோளப் பயிர் புலன்! - சோளம் செடிகள் 15 அடிகள் உயரம் வளர்கின்றன. என்ன காரணம் இதற்கு? திரு. ஜி.டி. நாயுடு அவர்களது ரசாயன மருந்துடன் ஊசி ஏற்றப்பட்ட செடி என்பதே காரணம். மரம் போல வளர்ந்து காணப்படும் நாயுடு சோளப் பயிர், ஏறக்குறைய 28 கிளைகள் பெற்றிருந்தன. இதில் 39 கதிர்கள் காணப்படுகின்றன. எல்லாத் தண்டுகளின் மொத்த நீளம் 181 அடிகள் இருப்பதாகப் பார்த்தவர்கள் கணக்கிட்டு இருக்கிறார்கள்.

இந்தச் சோளச் செடியின் விதைகளை மறு பயிராக விதைக்கப்படும் போது, அதன் கன்றுகள் இரண்டு திங்களுக்குள் 10 அடிக்கு மேல் உயரமாக வளர்ந்து விடுகின்றன.

காலி பிளவர் பயிர் பலன்! - காலி பிளவர் செடிக்கும் திரு. நாயுடு இரசாயன ஊசி போட்டுப் பயிரிட்டிருக்கிறார். இந்தச் செடி 3 முதல் 4 அடிகள் வரை மிகச் செழிப்பாகப் பயிராயின. ஆனால், காலிபிளவர் செடிகளை மறுபடியும் பயிரிடும்போது, இரசாயன ஊசி போட்ட மற்ற பயிர் களைப் போல அதன் விதைகள் பலன் கொடுக்கவில்லை. சாதாரண செடிகளைப் போலவே அவை பலன் கொடுக்கின்றன. என்ன காரணமோ தெரியவில்லை. திரு. நாயுடு அவர்கள் அதை மீண்டும் மீண்டும் ஆராய்ச்சி செய்துள்ளார் என்பது குறிப்பிடத்தக்கதாகும்.

ஒரு வாழை மரத்தில் 9 வகை சுவை பழங்கள்! - மற்றப் பயிர்களைப் போலவே, திரு. நாயுடு வாழைக் கன்றுகளுக்கும், இரசாயன மருந்து ஊசி போட்டு ஆராய்ச்சி செய்தார். அதனால், அவர் கண்டு பிடித்த பலன் என்ன தெரியுமா?

ஒரே ஒரு வாழை மரத்தின் பழங்கள்; ஒன்பது வகையான சுவைகளோடு பயிராவதை அவர் கண்டார். ஆனால், பழங்களின் அளவும், விளைச்சலும் அதிகமாகக் காணப்படவில்லை என்பதையும் உணர்ந்தார்.

ஒரே பப்பாளி மரத்தில் நூற்றுக் கணக்கான காய்கள்! -
பப்பாளிப் பழம் விளையும் மரங்களுக்கு திரு. நாயுடு ஊசி
போட்டு ஆராய்ந்தார். அந்த மரங்களில் அளவுக்கு மீறிய
பழங்கள் விளைவதை அவர் கண்டார்.

ஒவ்வொரு பப்பாளி மரத்திலும், நூற்றுக் கணக்கான
காய்கள் விளைகின்றன. அவை ஒரே மாதிரியான உருவ-
மாக இல்லாமல், பல்வேறு வடிவங்களோடு காய்க்கின்றன.

பப்பாளிப் பழம், பலாப் பழங்கள் வடிவங்களிலும், மாம்-
பழம் அளவுகளிலும் பழுக்கின்றன. ஒரே கிளையில் பழுக்-
கும் பழங்கள் பல வடிவங்களில் பழுத்துக் காணப்படுவதற்கு
என்ன காரணம் என்பதையும் திரு. நாயுடு ஆராய்ந்தார்.
இவ்வாறு ஒரே கிளையில் பழுக்கும் பழங்கள் ஒவ்வொன்-
றும், உருவ மாறுதல்கள் பெற்றிருப்பதும் ஒரு விஞ்ஞான
விந்தை அல்லவா?

ஊசி போடப்படாத பப்பாளி மரத்தில் காய்கள் மர உச்-
சியில், தென்னை, பனை மரங்களைப் போலவே காய்ப்பது
வழக்கம். ஆனால், ஊசி போடப்பட்ட மரங்கள் தரை மட்-
டத்திலிருந்து உச்சி வரை, பலா மரத்தைப் போல காய்க்-
கின்றன. அப்படிப்பட்ட பழங்கள் பழுத்த பின்பு இனிமை
மிகுந்த சுவையோடு இருக்கின்றன. இதுவும் ஒரு விஞ்ஞான
விந்தை அல்லவா?

பப்பாளிப் பழம் உடலுக்கு நல்ல மருந்தாவது போல,
உணவுச் செரிமானத்தையும் உருவாக்குகின்றது. ஊசி
போடப்படாத பப்பாளி மரங்களில் மூன்றாண்டுகளுக்குப்
பிறகு, சுவை அதிகமாகக் காணப்படுவதில்லை. ஆனால்,
பல ஆண்டுகள் அவை உயிரோடு வாழ்வது எண்ணமோ
உண்மை.

இனிப்பு ஆரஞ்சு கசக்கும்! கசப்பு ஆரஞ்சு இனிக்கும்! -
திரு. நாயுடு அவர்கள், ஆரஞ்சுப் பழம் விளைச்சலை, ஒரு
முறைக்குப் பன்முறை ஆராய்ந்து பார்த்தார். அதில் அவர்
அவ்வளவாக வெற்றி பெறவில்லை. ஆரஞ்சுப் பழங்களின்
சுவையில், தனது ஊசி மருந்தால் சுவை மாற்றத்தை உரு-
வாக்கி இருக்கிறார்.

இதில் என்ன விஞ்ஞான விந்தையை திரு. நாயுடு உரு-
வாக்கி இருக்கிறார் தெரியுமா? ஊசி போடப்பட்ட ஆரஞ்சுப்
பழங்களை இனிப்புச் சுவையிலே இருந்து கசப்புச் சுவைக்-
கும், கசப்புச் சுவையிலே இருந்து இனிப்புச் சுவைக்கும்
மாற்றிட சில இரசாயன முறையைப் பயன்படுத்தி வெற்றி
பெற்றவர் திரு. நாயுடு அவர்கள். ஆனால், ரசாயன முறை-
களைத் தான் செய்தாரே தவிர, ஆரஞ்சு விதைகளில் எந்-
தவித மாறுதலையும் அவர் செய்யவில்லை.

போத்தனூர் நகரத்தில், பெரும்பொருட்களை செலவு
செய்து சொந்தமாக ஒரு விவசாயப் பண்ணையை ஏன் உரு-
வாக்கினார் ஜி.டி. நாயுடு? அந்தப் பண்ணையில் உள்ள
பயிர் வகைகளில், மரம், செடி. கொடிகளில் விஞ்ஞான
வித்தைகளைப் புகுத்தி ஏன் ஆராய்ச்சி செய்தார் நாயுடு
என்பதை நாம் சற்று சிந்தித்துப் பார்த்தால், அவருடைய
உண்மையான மக்கள் நேய விவசாய தத்துவத்தை நம்மால்
புரிந்து கொள்ள முடியும்.

நமது நாடு வறுமையால் வாடும் நாடு. பசியைப் பிணிக-
ளாகக் கொண்ட மக்கள் உழலும் நாடு. இப்படிப்பட்ட மக்-
களின் பசியைப் போக்க, வறுமைகளை அகற்ற, நாயுடு
அவர்கள் கண்டுபிடித்துள்ள உணவு வகைகள் ஆக்கம்;
பெரிதும் அவர்களுக்குப் பயன்படும் என்ற நோக்கத்தாலே
தான், அவர் விவசாயத்தில், வேளாண் துறையில் விஞ்ஞா-
னத்தைப் புகுத்தி விந்தைகளைச் செய்தாரே தவிர, ஏதோ
பேருக்கும், புகழுக்கும், விளையாட்டுகளுக்காகவும் அல்ல
என்பதை நாம் சிந்தித்து உணர வேண்டிய ஒரு சம்பவம்
ஆகும்.

தான் கண்டுபிடித்த பருத்திச் செடிகளின் விதைகளை
ஏழை விவசாயப் பெரு மக்களுக்கு இலவசமாகக் கொடுக்க
திரு. நாயுடு முன் வந்தார். ஆனால், ஒருவராவது அவரது
உள்ளத்தைப் புரிந்து கொண்டு, அதை வாங்கிப் பயிரிட
முன் வரவில்லை. இப்படிப்பட்ட நாட்டில் இவ்வளவு அறி-
வீனர்களாக வாழும் மக்களை யார் காப்பாற்ற முன் வரு-
வார்கள்?

எவரும் நாயுடு அவர்கள் இலவசமாகக் கொடுக்க முன்
வந்த விதைகளை வாங்கிப் பயிர் செய்ய முன் வராததைக்
கண்ட அவர், பத்திரிக்கையில் விளம்பரம் கொடுத்தார்.
அந்த ஆங்கில விளம்பரம் வருமாறு :

"ஐந்து பங்கு அதிகமான விளைச்சலைக் கொடுக்கும்
பருத்தி விதைகளும், செடிகளும் விற்பனைக்குத் தயார். ஒரு
விதையின் விலை 10 ரூபாய், செடியின் விலை 1000
ரூபாய் என்று விளம்பரம் கொடுத்தார் திரு. நாயுடு.

ஏன் அந்த விதைகளுக்கு விலைகளை நிர்ணயம் செய்-
தார்? சும்மா கொடுத்த மாட்டை நிலாவில் கட்டி ஓட்டும்
புத்தி படைத்த மாக்களுக்கு விதைகளை இலவசமாக
கொடுத்தும்கூட, வாங்க முன்வராத மக்கள் இடையில், பண
வசதி இருக்கும் பண்ணையார்களாவது முன் வரமாட்டார்-
களா? என்ற எண்ணத்தில்தான் திரு. ஜி.டி. நாயுடு விளம்-
பரம் செய்து பார்த்தார்.

விளம்பரத்தை தமிழிலா கொடுத்தார் திரு. நாயுடு? இங்-
லிஷ் மொழியில் அல்லவா செய்தார் விளம்பரத்தை? சில
நாட்களுக்குள், அந்த விளம்பரத்தின் மகிமையால், எண்-
ணற்றக் கடிதங்கள் உலகம் முழுவது இருந்து வந்து
குவிந்தன என்றால், தமிழன் மனப்பான்மையை என்ன-
வென்று கூறுவது? அந்த விளம்பரத்தைக் கண்ட அறிவு-
டைய மேலை நாட்டு விவசாயிகள் பணத்தை திரு. நாயுடு-
வுக்கு அனுப்பி வைத்தார்கள்.

போத்தனூரில் அமைந்த விவசாயப் பண்ணையை, சுற்-
றுலா பயணிகளைப் போல அவ்வூர் மக்கள் திரண்டு வந்து
வேடிக்கைப் பார்த்தார்கள். ஆனால், பண்ணையின்
பலனைத் தமிழ் நாட்டார் பயன்படுத்திக் கொள்ளும் அறிவீ-
னர்களாக இருந்து விட்டார்கள்.

இந்தியா முழுவதிலும் இருந்த மக்கள், புகழ் பெற்ற
தலைவர்கள், விஞ்ஞான உள்ளம் படைத்த ஆய்வாளர்கள்,
கோவை, நீலகிரிப் பகுதிக்கு வருகை தரும் சுற்றுலா மக்கள்,
கோயில் குளம் சுற்றும் புனித யாத்திரிகர்கள் கூட போத்-

தனூர் நகர் சென்று ஜி.டி. நாயுடு விஞ்ஞான விவசாயப் பண்ணையின் அருமைகளைக் கண்டு பெருமைப்பட்டார்கள்.

விஞ்ஞான வித்தைகளை விளக்கிக் கொண்டிருந்த திரு. ஜி.டி. நாயுடுவின் பண்ணையைப் பார்த்துவிட்டுச் சென்ற-வர்கள், பாராட்டுக் கடிதங்களை எழுதி, நாயுடு அவர்களது உழைப்புக்கும், அறிவுக்கும் மரியாதை காட்டி மகிழ்ந்தார்கள். அந்தக் கடிதங்களிலே சிலவற்றை கீழே கொடுத்திருக்கி-றோம். படித்துப் பாருங்கள் தமிழன் பெருமையை

உலகம் புகழும் நோபல் பரிசைப் பெற்ற தமிழ்நாட்டு விஞ்ஞானி சர்.சி.வி. இராமன் 1948-ஆம் ஆண்டில் எழு-திய கடிதம் இது:

பாராட்டிய கடிதங்கள்! 37 ஆயிரங்களாகும்! - திரு. ஜி.டி. நாயுடு அவர்கள் இயற்கைப் படைப்பில் புரட்சிக-ரமான மாற்றங்களைச் செய்துள்ளார். அவர் கையாளும் முறைகள் புதுமையானவை.

நம் நம்பிக்கையைத் தகர்க்கக்கூடிய, இராட்சசச் செடி-களை அவர் உண்டாக்கி இருக்கிறார். அத்தகைய இரண்டு செடிகளான சோளம், பருத்தி ஆகியவற்றின் முன் நான் நிற்கும்போது புகைப்படம் எடுத்திருக்கிறார்கள்.

செடிகளில் உள்ள இந்த மாபெரும் மாறுதல், அவர் செலுத்திய மருந்தின் பயன் ஆகும். அவருடைய பசுமை-யான அறிவும், ஆராய்ச்சியும் மனித இனத்துக்குப் பெரிதும் நன்மை பயக்கக் கூடியவை.

உணவுக்கு வறுமைப்பட்ட இந்த நாட்டிற்கு அவர் காட்டி யுள்ள வழி மிகவும் முக்கியத்துவம் வாய்ந்ததாகும். ஜி.டி.நாயுடு அவர்களின் விவசாய முறை உலகெங்கும் மேற்கொள்ளப்பட வேண்டிய ஒன்று.

இலண்டன் மாநகரிலே உள்ள ஆராய்ச்சிக் கழகத்தில் பணியாற்றுபவர் டாக்டர் ஜானகி, அவர், 1.1.49ஆம் ஆண்-டில் எழுதிய பாராட்டுக் கடிதம் இது :

திரு. ஜி.டி. நாயுடு அவர்களது புதிய ஆராய்ச்சிகளை நான் பாராட்டிப் போற்றுகிறேன். அவருடைய விஞ்ஞான சோதனைகளின் வெற்றிகளை மேலும் ஆவலுடன் எதிர்-

பார்க்கின்றோம். திரு. நாயுடு பெயர் மனித குல வரலாற்றில் பொன் எழுத்துகளால் பொறிக்கப்பட வேண்டியவை.

பம்பாய் நகரிலே வாழ்ந்த எஸ். இராதா கிருஷ்ணன் என்பவர் 12.5.48 அன்று எழுதிய கடிதம் இது.

திரு. நாயுடு அவர்களது விவசாயக் கண்டுபிடிப்புகளைப் பற்றிய விவரங்களைப் பத்திரிக்கைகளில் படித்தேன். ஊசி மருந்து முறை மூலம் எதிர்பாராத விளைவுகளை நீங்கள் உருவாக்கி இருப்பது; மைதாஸ் என்னும் மன்னனின் தொட்-டதெல்லாம் பொன்னாக்கும் கதை போல இருக்கிறது.

தமிழ் நாடு விவசாய அமைச்சர் பாராட்டு! - சென்னை, மாகாணத்தில் அப்போது விவசாயத் துறை அமைச்சாரக இருந்த திரு. மாதவ மேனன் 28.10.48 அன்று எழுதிய கடிதம் இது :

"பருத்திச் செடியில் நீங்கள் செய்துள்ள சாதனை வியப்-பிற் குரியது. நீங்கள் தேசீய மயமாக்கப்பட வேண்டும். உங்-களது அறிவும், ஆராய்ச்சியும் நாம் பெற்ற சுதந்திரத்தைப் பேணிக் காக்கப் பயன்பட வேண்டும்.

மேற்கண்டவாறு எழுதப்பட்ட கடிதங்கள் எண்ணற்றவை. இவற்றுக்கெல்லாம் திரு. நாயுடு நன்றிக் கடிதங்களை எழு-தியுள்ளார். அவ்வாறு அவர் எழுதிய கடிதங்கள் எத்தனை தெரியுமா? 37 ஆயிரம் கடிதங்கள் ஆகும். உலகத்தில் இவ்-வளவு கடிதங்களை அவர்கள் துறை சம்பந்தமாக எழுதிய விஞ்ஞானி யார்? அதை ஆராய்ச்சிதான் செய்ய வேண்டும்.

13. சித்த வைத்தியர் ஜி.டி. நாயுடு; ஜெர்மன் பேச்சு ஆய்வுக்கு அழைப்பு

"வசையிலா வண்பயன் குன்றும்; இசையிலா
யாக்கை பொறுத்த நிலம்"

"புகழ் இல்லாத உடம்பைச் சுமந்த மண், தன் வளம் மிக்க விளைச்சலில் குறைவுபடும்" என்கிறது தமிழர் தம் மறையான திருக்குறள் வேதம்.

திருவள்ளுவர் பெருமானுடைய திருவாக்குக்கு ஏற்ப, தான் பிறந்த மண்ணில் விந்தையான மனிதராக திரு.ஜி.டி. நாயுடு விளங்கினார். அவருக்குத் தெரியாத தொழில் கிடையாது.

பருத்தி வணிகத்திலே ஆழம் பார்த்து தோல்வி கண்ட ஜி.டி. நாயுடு, பஸ் தொழில்களிலே பறக்கவிட்டார் தனது புகழ்க் கொடியை - உலகளாவ! அந்த அளவுக்கு அவர் இரும்போடு பழகி, இயந்திர மனிதனாக வெற்றி பெற்றார்!

விவசாயப் பண்ணையச் சொந்தமாக நிறுவி, அந்த இயற்கையான தாவரத்திலே தனது விஞ்ஞான அறிவைப் புகுத்தி ஒரு மாபெரும் புரட்சியையே பூக்க வைத்தார் ஜி.டி. நாயுடு அதன் மனம் உலகெங்கும் கமழ்ந்தது.

சாதாரண ஒரு ரேசண்ட் பிளேடைச் செய்து, அதன் ஆற்றலை அமெரிக்காவும், இங்கிலாந்தும் போட்டா போட்டி வணிகம் நடத்தித் தோல்வி கண்டு, பிறகு அவரையே விலைக்கு வாங்க சகலகலா வித்தைகளையும் யூகமாகக் கூறி, தோல்வி கண்டன அந்த நாடுகள் திரு. ஜி.டி. நாயுடு விஞ்ஞானத்தின் முன்பு! தாமஸ் ஆல்வாய் எடிசன் என்ற புகழ்பெற்ற விஞ்ஞானியால் கைவிடப்பட்ட Vote Recording Machine, அதாவது தேர்தலின் போது வாக்குகளைப் பதிவு செய்யும் இயந்திரத்தைக் கண்டு பிடித்தார். அது தற்போதையை தேர்தல்களில் ஆமை போல அமலாகி வருவதைப் பார்க்கின்றோம். 2004-ஆம் ஆண்டு முதல் அந்த முறை முயலாகவும் செயற்படக் கூடும்.

நாயுடு செய்த சித்த மருத்துவ ஆராய்ச்சி! - அதற்கடுத்து திரு. ஜி.டி. நாயுடு அவர்கள், மூலிகைகளை ஆராய்ந்து மருந்துகளைக் கண்டுபிடிக்கும் சித்த வைத்தியராகவும் மாறினார். எப்போதும் அவர் உழைத்துக் கொண்டே இருப்பதற்காகத் தான் பிறவி எடுத்தாரோ என்னவோ! அந்த மாமேதையான திரு. நாயுடு அவர்கள் எப்படியோ பல்துறை அறிவு பெற்ற ஒரு விந்தையான மனிதராக நடமாடினார்.

இத்தகைய மனிதரைப் போன்றவர்களால் தான். அவர்கள் பிறந்த பூமி,தனது வளம் மிக்க விளைச்சலில் குறைவு

படாமல், முப்போகம் விளையும் பொன் மண்ணுகப் பொலிவு பெற்று திகழும் என்று நமது பேரறிவுப் பெருமான் திருவள்-ளுவர் பெருமையோடு கூறுகிறாரோ என்று நாம் எண்ணி மெய்சிலிர்க்க வேண்டியிருக்கிறது! அத்தகைய புகழை நாட்டி வந்தவர் நமது ஜி.டி.நாயுடு அவர்கள்.

ஜி.டி.நாயுடு அவர்கள் சிறந்த ஒரு சித்த வைத்திய வித்-தகராகவும் விளங்கினார். அதற்கு என்ன சான்று என்று வாசகர்களாகிய நீங்கள் கேட்கின்றீர்களா?

சித்த வைத்தியம் பேராசிரியர் என்று சித்த வைத்தியக் குழுவினர்க ளால் பாராட்டிப் போற்றி பட்டம் வழங்கப் பெற்ற ஜி.டி. நாயுடு ஜெர்மன் நாட்டுக்கு 1958, 1959-ஆம் ஆண்-டுகளில் சென்றார்.

மேற்கு ஜெர்மன் நாட்டில் 'ஸ்டர்க்கார்ட்' என்ற ஒரு நகர் உள்ளது. அந்த நகரில் மிகச் சிறந்த மருத்துவர்களும், தொழிலதிபர்களும் வாழ்கின்ற புகழ்பெற்ற நகரமாகும்.

அந்த நகரில் உள்ள மருத்துவர்கள், 1.3.1958 - அன்றும் 19.1.1959 - அன்றும் இரண்டு மாபெரும் மருத்துவ நிபுணர் கூடும் சிறப்புக் கூட்டங்களைக் கூட்டி, திரு.ஜி.டி.நாயுடு அவர்களைச் சித்த வைத்திய முறைகள் என்ற தலைப்பில் சொற்பொழிவு செய்யுமாறு கேட்டுக் கொண்டார்கள்.

மருத்துவ மேதைகள் குழுமியிருந்த அந்த ஜெர்மன் நாட்-டின் புகழ்பெற்ற ஸ்டார் கார்ட் சொற்பொழிவுகளைச் சுருக்கி கீழே கொடுத்திருக்கிறோம்.

இதோ ஜி.டி.நாயுடு பேசுகிறார் :

அன்பார்ந்த ஸ்டார் கார்ட் மெடிக்கல் கழகத்து மருத்துவ மேதைகளே!

இந்தியாவில் இப்போது மூன்று பழைய மருத்துவ முறை-கள் வழக்கில் இருக்கின்றன.அவை,சித்தவைத்தியம், ஆயுர்-வேத வைத்தியம், யுனானி வைத்தியம் என்ற மருத்துவ முறைகளாகும்.

இந்த மூன்று மருத்துவ முறைகளில் மிகவும் பழை-மையானவை சித்தவைத்தியம் தான். அதன் வயது 4000 ஆண்டு களுக்கும் மேற்பட்டதாகும். சித்தர் பெருமக்களது

சிந்தனை முதிர்ச்சிகளாலே உருவான முறையாகையால் இந்தியத் தென்னாட்டில் பெரும் அளவில் இந்த வைத்திய முறை கையாளப்பட்டு வந்தது.

பிறகு, கொஞ்சம் கொஞ்சமாக அந்த சித்த வைத்திய முறை வட இந்தியா சென்றது. அதற்குப் பின்னர் அங்கிருந்து சீன நாட்டிற் குள் நுழைந்தது. அராபிய நாடுகளிலும் அந்த வைத்திய முறை பரவியது.

யுனானி முறை அத்தகைய வைத்திய முறை அன்று. அது பெரும்பாலும் வட நாட்டில் மட்டுமே இங்குமங்கும் பரவியது. ஆனால், இந்த யுனானி வைத்திய முறை மற்ற மருத்துவ முறைகளைப் போல, விஞ்ஞான ரீதியாக உறுதிப்படுத்தப் படவில்லை. ஒரே நோய்க்குப் பல மருந்துகள், பல விதங்களில், ஒவ்வொரு மருத்துவராலும் செய்யப்படுகின்றன.

விஞ்ஞான முறைகளிலே மற்ற மருத்துவ முறைகள் முன்னேறி இருக்கும்போது, சித்த வைத்தியம் கடந்த முன்னூறு ஆண்டுகளாக எந்தவித முன்னேற்றமும் பெறாமல் இருக்கின்றது. எந்த ஒரு மருந்தும் ஒரே குறிப்பிட்ட முறையில் செய்யப் பட்டால், அல்லாது நன்மை கொடுக்காது. ஆராய்ச்சிகள் மேலும் செய்து, தொடர்ந்து முயற்சித்து கொண்டே இருந்தால், நீரிழிவு, ஆஸ்துமா,வெட்டை, புற்றுநோய்,காசம்,இருதயநோய் போன்ற நோய்களுக்கு மலிவான விலையில், அருமையான மருந்துகள் சித்த வைத்தியத்தில் கண்டு பிடிக்க முடியும்.

அது போன்ற ஆராய்ச்சிகளுக்கு உரிய இடம் தென் இந்தியாவே ஆகும். ஏனென்றால், அங்குள்ள மலைகள், சமவெளிகள், தட்ப வெட்ப சூழ்நிலைகள் முதலியன,மருந்துச் செடிகளையும், மூலிகைகளை வளர்ப்பதற்கும்.ஆராய்ச்சிகளைத் தொடர்ந்து நடத்துவதற்கும் பொருத்தமான,சிறந்த இடமாக இருக்கின்றது.

சித்த வைத்தியம் மிக பழமையானதாக இருந்தும், அதுமிக எளிமையான மருத்துவமாக இருந்தும்கூட, அதைப் பற்றி உலகம் இன்னும் உணரவில்லை, உணர்த்தப்படவில்லை,காரணம்,சித்த வைத்தியத்தின் முன்னோர்கள்

அதைத் தெளிவாகப் பிற்காலச் சந்ததிகள் புரிந்து பின்பற்-றுமாறு எழுதி வைக்கப்படவில்லை, மற்றவர்களுக்கும் சித்த வைத்தியத்தைப் பற்றி எடுத்துக் கூற முடியவில்லை என்பதே காரணம் ஆகும்.

சித்த வைத்தியத்திற்குத் தேவையான மருந்துகள் எல்-லாமே மூலிகைச் செடி,கொடி,மரங்களில் இருந்தே கிடைக்-கின்றன. ஒவ்வொரு செடி கொடி மரங்களின் இலை-களும்,பூவும்,பிஞ்சும், காயும், தண்டும் வேரும்,பட்டையும், கொட்டைகளும், ஒவ்வொரு நோய்க்கும் பயன்படுபவையே என்பதை உலகம் உணர வேண்டும்.

வேப்பமரம் சிறந்த சித்த வைத்திய மரம்! - குறிப்பாக, வேப்பங்குச்சியை எடுத்துக் கொள்வோம். அது பல்லைத் தூய்மையாக்கி,பற்கிருமிகளைப் போக்கப் பயன்படுகின்றது. அது போலவே அதன் இலைகள், பூ, பட்டைகள், கொட்-டைகள், எண்ணெய், போன்றவை ஒவ்வொரு நோய்க்குரிய ஒவ்வொரு மருத்துவ மருந்தாகவும் பயன்படுகின்றது.

உணவு உண்ட பின்பு வெற்றிலையை வாய்மணக்கத் தாம்பூலமாகப் போடுகின்றார்கள் எங்கள் நாட்டில். அந்த வெற்றிலை உண்ட உணவை செரிமானம் செய்யும் மருந்-தாகவும் பயன்படு கின்றது. ஆடா தோடா என்ற இலை, ஆஸ்த்துமா எனும் நோயைக் குணப்படுத்துகின்றது.

இவ்வாறு சிறந்த பயன் தரும் சித்த வைத்திய முறைகள், தென்னிந்தியாவிற்குள் மட்டும் புகழ்பெற்றுள்ளது.

இந்தியா வரும் ஜெர்மானியர்
தமிழ் நாட்டிற்கும் வர வேண்டும்!

உலக மக்களும், ஜெர்மானிய மக்களும் இந்தியாவிற்கு வரும்போது, வட இந்தியாவைப் பார்த்து விட்டோம் என்று திரும்பி விடாமல், தமிழ் நாட்டிற்கும் நீங்கள் வரவேண்டும். வந்தால்தான் இந்த மருந்துகள் வளரும் மூலிகை மலைக-ளின் இயற்கைச் சக்தியை உங்களால் உணர முடியம்.

மேற்கு ஜெர்மனியிலே உள்ள ஸ்டார்கார்ட் நகர மருத்து-வக் கழகத்தைச் சேர்ந்த டாக்டர்களது அறிவும், ஆராய்ச்-சியும் சித்த மருத்துவ முறைகளுக்குப் பயன்படுமேயானால்,

அந்த சித்த வைத்திய முறை மருத்துவ உலகில் ஒரு மறு-
மலர்ச்சியை உருவாக்கியே தீரும் என்பது உறுதி.

கோவையில் நான் தொழிலாளர் நலச் சங்கம் என்ற
ஒன்றைத் துவக்கி இருக்கிறேன். அதன் சார்பாக, மனித
சமுதாயத்திற்குரிய தேவையான பல பிரச்னைகளை ஆராய்-
கின்றோம்.அவற்றில் ஒன்று தான் இந்த மருத்துவ
ஆராய்ச்சி.

எனக்கு உதவியாக இருந்து பல மருந்துகளைக் கண்டு
பிடிப்பதில் எனக்குத் துணையாக இருப்பவர் டாக்டர்
வி.பி.பி.நாயுடு ஆவார். அவர் உலகம் முழுவதும் சுற்றிப்
பல்வேறு மருத்துவ மனைகளில் பணியாற்றியப் பரந்த அனு-
பவம் உடையவர்.

இப்போது நாங்கள் இருவரும் செய்து வருவதைப்
போன்ற மருத்துவ ஆராய்ச்சிகளை, எங்களுக்கு முன்பே 50
அல்லது 100 ஆண்டுகளுக்கு முன்பே யாரேனும் செய்தி-
ருப்பார்களானால், இன்று வரை எண்ணற்ற அரிய மருந்து-
களைக் கண்டு பிடித்திருக்கக் கூடும்.

நீரிழிவுக்கு மருந்து! - நானும் எனது நண்பரும் நீரிழிவு
நோய்க்கு மருந்து கண்டுபிடிக்க ஆரம்பித்தோம். ஏறக்கு-
றைய 150 மூலிகைகளை அதற்காகப் பரிசோதனை செய்-
தோம். அவற்றில் சில மூலிகைகள் பக்க விளைவுகளும்,
ஆபத்தும் இல்லாதவைகள் என்பதை அறிந்தோம்.

ஆபத்தற்ற அந்த மூலிகைகளைத் தேர்ந்தெடுத்து மருந்து
தயாரித்தோம். அந்த மருந்தை நோயாளிக்குக் கொடுப்பதற்கு
முன்னர், டாக்டர் வி.பி.பி.நாயுடும்,நானும்,மற்றும் இரு நண்-
பர்களு மாகச் சேர்ந்து நாங்கள் நால்வரும் அதனை உண்-
டோம்.

அப்போது எங்களுக்கு எந்தவிதமான ஒரு நோயும்
உடலில் இல்லை. இருந்தும் நாங்கள் தயாரித்த மருந்தை
உட்கொண்டோம்.

அதனால் எங்களுக்கு ஆபத்துகள் ஏதும் உண்டாக-
வில்லை அதற்கு மாறாக எங்களது உடல் நிலை சற்று
வளமாகவே மாறியது.

இந்த சம்பவத்துக்குப் பிறகு அந்த மருந்தை இரண்டு நோயாளிகளுக்குக் கொடுத்தோம். அவர்களுக்கு இருந்த வியாதி குணமானது.

சிறிது நாட்கள் சென்றன. வேறு இரு நோயளிகளுக்கு அதே மருந்தைக் கொடுத்தோம். என்ன ஆயிற்று தெரியுமா? எந்த வித பலனும் இல்லை. இதைக் கண்ட நாங்கள், மறுபடியும் ஆராய்ச்சியைத் துவக்கினோம். எதனால் அந்த இருநோயாளிகளுக்கு அந்த மருந்தால் பலன் இல்லாமல் போயிற்று என்பதை அறிவதில் ஈடுபட்டோம்.

அந்த மருந்தில் சேர்ந்துள்ள ஒரு முக்கியமான மூலி-கைக்கு, மார்ச்சு, ஏப்ரல், மே என்ற மூன்று மாதங்களைத் தவிர மற்ற மாதங்களில் அந்த மருந்துக்கு வளமான சத்து அமைவதில்லை என்ற உண்மை தெரிந்தது. குறிப்பாக, நவம்பர் மாதத்தில் அந்த மருந்து தனக்குரிய மருந்துச் சக்-தியையே இழந்து விடுகின்றது என்பதை நாங்கள் கண்டறிந்-தோம்.

ஆனால், சந்தன மரம்போன்ற சில குறிப்பிட்ட மரங்-களுக்கு அருகே அந்த மூலிகைச் செடியை நட்டால், அளவிலும் - குணத்தி லும் மிக அதிகமான பலனை அது வழங்குகிறது என்பதையும் உணர்ந்தோம்.

அந்த மூலிகையை மண்ணிலே இருந்து பிடுங்கிய இரு-பத்தெட்டரை மணிநேரத்துக்குள் மருந்தைச் செய்து விட வேண்டும். இல்லை என்றால் அந்த மூலிகையிலிருந்த சத்து மறைந்து விடுகின்றது என்பதையும் அறிந்தோம்.

நாங்கள் இவ்வாறு செய்த ஆராய்ச்சிகளால், நீரிழிவு நோய்க்குரிய ஓர் அருமையான மருந்தைக் கண்டு பிடித்-தோம். அந்த மருந்திற்கு 'டயடயடிக் தூள்' DIE-DIETIC POWDER என்று பெயரிட்டோம்.

அந்தப் பவுடரைப் பயன்படுத்தினால் 5 வாரத்திலிருந்து 6 மாதத்திற்குள் நீரிழிவு வியாதி முழுமையாகக் குணமாகி விடுகின்றது. உலகம் முழுவதுமுள்ள நீரிழிவு நோயாளர்கள், குறிப்பாக அமெரிக்கா, இங்கிலாந்து, ஜெர்மன், இந்தியா, சுவிட்சர்லாந்து, போன்ற நாடுகளிலே வாழ்ந்து கொண்டிருக்-

கும் நீரிழிவு நோயாளர்கள் குணமடைந்துள்ளார்கள். அந்த நாடுகளில் எங்கள் மருந்துக்கு நல்ல வரவேற்பும் இருக்கின்றது.

வெட்டை எனும் நோய்க்கு மருந்து! - நீரிழிவு நோய்க்கு நாங்கள் கண்டு பிடித்த முதல் சித்த மருந்து வெற்றியை ஈட்டியதால், அடுத்து வெட்டை LEUCORRHEA எனப்படும் நோய்க்கும் மருந்து கண்டு பிடிக்கும் மகிழச்சியிலே இறங்கினோம்.

இந்த வெட்டை நோய்க்காக, அதன் தன்மைகளை அறிந்திட, மூவாயிரம் வெட்டை நோயாளர்களைத் தேடிக் கண்டு பிடித்துச் சோதனையில் ஈடுபட்டோம். அந்த வியாதி உலகத்திலுள்ள பெண்களை எவ்வாறு பாதிக்கின்றது என்ற கணக்கு விகிதம் கிடைத்தது. அது இது:

ஜப்பான் 40 சதவிகிதம்
ஜெர்மன் 40 சதவிகிதம்
அமெரிக்கா 45 சதவிகிதம்
இங்கிலாந்து 48 சதவிகிதம்
இந்தியா 55 சதவிகிதம்
பிரான்ஸ் 54 சதவிகிதம்
சீனா 60 சதவிகிதம்
ஜப்பான் 65 சதவிகிதம்
பர்மா 80 சதவிகிதம்

என்று உலக சுகாதார நிறுவனம் வெட்டை வியாதியைப் பட்டியலிட்டுக் காட்டுகிறது. ஆனால், இந்த வெட்டை நோயைக் குணப்படுத்திட இங்லிஷ் மருந்து ஏதுமில்லை.

ஆனால், நாங்கள் நீண்ட ஆராய்ச்சிக்குப் பிறகு ஒரு மருந்தை வெட்டை நோய்க்காகக் கண்டு பிடித்தோம். அந்த மருந்து நோயை முழுமையாகக் குணப்படுத்தி விட்டது. அதன் பெயர் 'லியோகோ டயட்டிக் உணவு', LEUCO DIETIC FOOD என்பதாகும்.

அந்த மருந்தை ஏழு நாட்கள் சாப்பிட்டால் போதும் நோய் உடனே முழு குணமாகின்றது. ஆனால், எச்சரிக்கையாகக் கவனிக்கப் பட வேண்டிய ஒன்றுள்ளது. அதாவது,

அந்த மருந்தை உட் கொள்ளும் போது வேறு எந்த நோயும் நோயாளி உடலிலே இருக்கக் கூடாது என்பது தான் அந்த ஒன்று.

நோய் இருக்குமென்றால் மருந்தை உட்கொள்ள வேண்டாம் என்பதே அந்த எச்சரிக்கை, மீறி யாராவது உட்கொண்டால் வரும் தீமைகளை அனுபவிக்க வேண்டியதுதான். வேறு வழியேதுமில்லை. இந்த வெட்டை நோய் சித்த மருந்தை உலகம் முழுவது முள்ள சிறந்த டாக்டர்கள் எல்லாருமே பரிசோதித்துப் பார்த்து பாராட்டியிருக்கிறார்கள். இவ்வாறு ஜி.டி.நாயுடு அவர்கள் மேற்கு ஜெர்மனி கழகத்தில் சொற்பொழிவாற்றினார்.

இந்த அருமையான சித்த வைத்திய மருத்துவமுறை பேச்சுக்கு, அந்த டாக்டர்கள் கழகத்தில் ஜி.டி.நாயுடுவுக்கு நல்ல பெயரும் புகழும், நீண்ட கையொலிகளும் கிடைத்தன.

சித்த வைத்திய பேராசிரியர்! - மேற்கு நாடுகளுக்குச் சென்ற ஜி.டி.நாயுடு அவர்கள், மேற்கு ஜெர்மன் நாட்டின் ஸ்டார்ட் கார்ட் நகர டாக்டர்கள் - யூனியனில் மிகச் சிறப்பாகப் பேசிய இரண்டு பேச்சுக்களின் கருத்துக்களும் இரண்டு ஆண்டுகளிலே வெளிவந்தன.

திரு.நாயுடு டாக்டர் அல்லர் என்றாலும், அவரது சித்த மருத்துவத்தின் நீண்ட வரலாற்றுப் புகழையும், மூலிகை மருந்துகளின் அருமையான இயற்கைச் சக்திகளின் பெருமையையும் எடுத்துரைத்த அவரது சிந்தனைத் திறத்தைப் பத்திரிக்கைகளில் படித்த எல்லா மருந்துவக் கழகங்களும் அவரைப் பாராட்டின.

ஜி.டி.நாயுடு அவர்களது நீரிழிவு மருத்துவ மருந்தின் அற்புதத்தையும், வெட்டை நோய்க்குக் கண்டு பிடிக்கப்பட்ட மருந்தின் திறமைகளையும் கண்டு, ஐரோப்பிய மெடிகல் அமைப்பும்.அந்தந்த நாடுகளின் கிளைக் கழக அமைப்புகளும் திரு நாயுடுவை அந்த மேடையிலே சந்தித்து, மருந்துகளின் பயன்பாடுகளை மேலும் விவரமாகக் கேட்டு அறிந்துகொண்டது மட்டுமின்றி, அந்த மருந்துகளைத் தங்களது நாடுகளுக்கும் அறிமுகம் செய்து வைக்க வேண்டும் என்றும்

கேட்டுக் கொண்டன.

சித்த வைத்தியப் பேராசிரியரான திரு.ஜி.டி.நாயுடு அவர்-
கள், நீரிழிவு, வெட்டை போன்ற வியாதிகளுக்குரிய மருந்-
துகளைக் கண்டுபிடித்ததோடு நில்லாமல், தனது நண்பர்கள்
சகாக்களோடு மேலும் ஆராய்ச்சியில் ஈடுபட்டு, மூலம்
நோய்க்கும் PILES, ருமாட்டிசம் எனப்படும் மூட்டுவலி,கால்-
வலி, இருமல் போன்ற நோய்களுக்கும் உரிய மருந்துகளைச்
சித்தா முறைப்படி கண்டு பிடித்தார்கள். அந்த மருந்துகளை
மற்ற நாடுகளும் பெற்று நன்மை எய்திட வேண்டும் என்று
ஐரோப்பிய பத்திரிக்கைகளில் விளம்பரப்படுத்தி விற்பனைக்-
கும் அனுப்பினார்கள்.

தமிழ்நாடு சித்தவைத்தியக் கழகம் என்றோர் அமைப்பு
காவை நகரில் இருந்தது. அந்த அமைப்பில் ஜி.டி.நாயுடுவும்
ஓர் ஆறுப்பினராக இருந்தார்.

சித்த வைத்திய முறையில் திரு.ஜி.டி.நாயுடுவுக்கு இருந்-
திட்ட மருத்துவ புலமையைக் கண்ட கழகப் பொறுப்-
பாளர்கள், ஜி.டி.நாயுடுவை சித்த வைத்திய மாநாட்டிற்கு
அழைத்து, கோவை நகர் மக்கள் சார்பாக,சித்த வைத்தியப்
பேராசிரியர் என்ற பட்டத்தை வழங்கிப் போற்றி மகிழ்ந்தார்-
கள். அதனால், கோவை மண் நாயுடுவைப் பெற்றதால் முப்-
போகம் விளையும் பொன் பூமியாக புகழில் விளங்கியது.

14. மாணவர்களுக்கு ஜி.டி.நாயுடு ஆற்றிய ஒழுக்க அறிவுரைகள்!

"சொலல்வல்லன் சோர்விலன் அஞ்சான்; அவனை
    இகல்வெல்லல் யார்க்கும் அரிது"

என்கிறது பொய்யில் புலவரின் தமிழர் மறை அதாவது,
தான் எண்ணியதைப் பிறர் ஏற்கச் சொல்லும் ஆற்றல் உள்-
ளவன், கேட்பாரை நோக்கச் சொல்வது சிரமமானது என்றா-
லும், சோர்வு இல்லாதவன், கேட்பவர் பகைஞர் என்றாலும்
அஞ்சாதவன். இவன்மீது பகை கொண்டு, இவனை வெல்-
வது எவர்க்கும் கடினமே!

மேற்கண்ட அறிவுரைக்கு ஏற்றவாறு,திரு.ஜி.டி.நாயுடு அவர்கள், ஒரு சிறந்த நாவன்மை உடையவராக, சொல்லாற்றல் பெற்றவராக விளங்கினார்.

அமெரிக்கா, ஜெர்மன், இங்கிலாந்து, இரழ்சியா, சுவிட்சர்லாந்து, போன்ற அயல் நாடுகளின் சுற்றுப் பயனங்களில் திரு.நாயுடு அவர்கள் பேசும் போதெல்லாம், அழகான இங்லிஷ் மொழியிலேயே கோர்வையாகவும், சுருக்கமாகவும், தெளிவாகவும் கேட்போர் வியக்கும் வகையில் அவர் பேசினார்.

சாதாரணமானவர்கள் முன்பு பேசும் ஆங்கிலத்துக்கும், புகழ்பெற்ற அறிவியலார், மருத்துவர், தொழிலதிபர், பொறியியல் நிபுணர், வணிகப் பெருமக்கள் ஆகியோர் முன்பு உரையாடுவதற்கும் நிறைய வித்தியாசம் உண்டு.

என்ன வித்தியாசம் என்கிறீர்களா? தான் சொல்ல வந்த கருத்துக்களைக் கோர்வையாகக் கூறும் திறன், மொழிப் புலமை யோடுமொழியும் திறன், கேட்போரை ஈர்க்கும் சொல் வளம், கருத்து வளம் திறன்,தட்டுத் தடுங்கல் ஏற்படாமல் பேசும் அவையச்சம் அற்றத் திறன், எதையும் ஆனித்தரமாக எடுத்துரைக்கும் வாதத் திறன், எவராலும் அவர் மூன்பு - "நா"வை அஞ்சவிடாமல் அடக்கத்தேடு "நா"வாடும் திறன், அறிவுரைகளில் உயர்ந்த இலட்சியங்களை உதயநிலபோல ஒளி படரவைக்கும் பாலொளித் திறன். பேச்சுக்களைக் கேட்காதவர்களும் பிறரிடம் கூறும் போது ஐயோ கேட்காமல் விட்டுவிட்டோமே என்று ஏக்கமுறும் திறன் ஆகிய அனைத்துத் திறன்களுக்கும் அவரது 'நா'பரதம் ஆடியதுண்டு.

சென்னை, மதுரை. திருச்சி, கோவை , தஞ்சை, காரைக்குடி, வானியம் பாடி, சிவகங்கை போன்ற நகர்களிலே உள்ள கல்லுரிகளின் அழைப்புக்களுக்குச் சென்று தனது நேர்மையான கருத்துக்களை முழக்கமிட்டவர் திரு.நாயுடு அவர்கள்.

என்ன நினைக்கிறாரோ திரு.நாயுடு மாணவர்களுக்கு அறிவுரைகள் கூறிட,அதை அப்படியே அஞ்சா நெஞ்சுடன்

கூறவல்ல நாவலர் நாயுடு அவர்கள்!

சில நேரங்களில் மாணவர்கள் அவரது அறிவுரைகளது அருமைகள் புரியாமல், கல்லூரிக் கூச்சலைப் போடுவார்கள். அவற்றை எல்லாம் பொருட்படுத்தாமல், இனிமையாக தந்தை ஒருவர் கூறும் அறிவுரைகள் போல, அமைதியாக நாயுடு அவர்கள் பேசிய மாநாடுகளும் - கூட்டங்களும் கூட உண்டு.

அத்தகைய ஓர் அறிஞரின் அறிவுரைகளை நாம் அறிந்து கொண்டால், வாழ்க்கைக்குப் புத்துணர்வு உண்டா-கும் என்பதால் அவற்றில் சிலவற்றை வாசகர்கள் முன்பு படைக்கின்றோம்அறிவுரை விருந்துக்குரிய அறுசுவைகளாக:

மதுரை கல்லூரியில் நாயுடு அறிவுரை! - மதுரைக் கல்-லூரியின் கணித விஞ்ஞானக் கழகத்தில் 24.2.1953 - அன்று ஜி.டி.நாயுடு ஆற்றிய சொற்பொழிவு அறிவுரை இது :

அன்புள்ள மாணவ நண்பர்களே! இந்தக் கல்லூரியை விட்டு வெளியேறுவதற்கான தேர்வு நடைபெற்றுக் கொண்டி-ருக்கும் நேரத்தில், உங்கள் முன்பு நான் உரையாற்றுகிறேன்.

கல்லூரியை விட்டு நீங்கள் வெளியேறிய பிறகு, எதை நீங்கள் செய்ய வேண்டும், எதைச் செய்யக் கூடாது என்ப-தைப் பற்றிச் சில அறிவுரைக் குறிப்புக்களை உங்கள் முன்பு சிந்தனைக் காக வைத்திட விரும்புகிறேன்.

அவை, உங்களுடைய பேராசிரியர்கள் வகுப்புக்களிலே அடிக்கடி கூறி அலுத்துப் போனவைகளே! என்றாலும், நான் கூறும் அறிவுரைகளில் மிக முக்கியமானது எது தெரியுமா? திரைப் படத்தைப் பார்க்கக் கூடாது என்பதே ஆகும்.

ஏன் பார்க்கக் கூடாது திரைப்படங்களை என்றால், அவைதான் மாணவர்களின் இளம் உள்ளங்களை கெடுக்கும் கருவிகளாகும் என்பது மட்டுமல்ல, கண்ணையும் - உடலை-யும் கெடுப்பதோடு, மனத்தையும் பாழாக்கி விடுகின்றன. பாக்டீரியா கிருமிகள் செய்ய முடியாத தீமைகளை எல்லாம் சினிமா படத்தில் வரும் காட்சிகள் செய்கின்றன. அவை உங்களுடைய சக்திகளை எல்லாம் சீரழித்து விடுகின்றன.

மனோ சக்திகளைச் சிதறடித்துக் கோழைகளாக்கி விடு-
கின்றன.

புகைப் பிடிக்கும் பழக்கத்தை கைவிட்டு விடுங்கள். மூன்-
றாவதாக, அரசியல் கட்சிகளின் கூட்டங்களிலே கலந்து
கொள்ளாதீர்கள், அவர்கள் ஆற்றும் சொற்பொழிவுகளைக்
கேட்காதீர்கள். நான் கூறும் இவற்றை எல்லாம் நீங்கள்
கேட்டவை தான். என்றாலும், மீண்டும் திரும்பத் திரும்பச்
சொல்வது என்போன்றோர் கடமை ஆகும்.

தீமை தரும் எந்தப் பழக்கங்களுக்கும் மாணவர்கள் அடி-
மையாகி விடக்கூடாது. தவறி நீங்கள் அடிமையாவிர்களே
யானால், அவை உங்கள் வாழ்நாட்களை வீணாக்கி விடுவ-
தோடு, மனித சமுதாயமும் நஞ்சேறிய உடலாகி விடும்.

மாணவர்களைச் சாதாரணமாக 15 வயது முதல் 25
வயதிற்குள்தான் தீய பழக்கங்கள் பற்றும் பருவமாகும்.
அவற்றை இளம் வயதிலேயே மாற்றாவிட்டால், பிறகு எப்-
பொழுதுமே மாற்ற முடியாது. மாணவப் பருவத்தில் இயற்-
கையாகக் காணப்படும் ஊக்கமும், தைரியமும் தீய பழக்கத்-
தைச் சுலபமாக ஒழித்துவிடும் பருவமாகும்.

இளைஞர்கள் படித்துப் பட்டம் பெறும் காலத்தில் அறிவு
முதிர்ச்சி பெறுகிறார்கள். அப்பொழுது அவர்களுக்கு
நன்மை, தீமைகள் எவை என்பதைப் பகுத்தறியும் ஆற்றல்
உருவாக வேண்டும். தீயவற்றை நீக்கி நல்லனவற்றைப் பின்-
பற்றத் தெரிய வேண்டும்.

மாணவர்களாகிய நீங்கள் உங்களுடைய தேர்வில் முதல்
வகுப்பிலோ அல்லது இரண்டாம் இடத்திலே தேறாவிட்டா-
லும், அல்லது தேர்ச்சியே பெறா விட்டாலும் அதைப் பற்றிக்
கவலைப்பட வேண்டாம்.

ஆனால், தீமை தரும் பழக்கங்களைக் கைவிட்டு விட்-
டோம் என்ற நம்பிக்கையோடும், துன்பங்களை எதிர்நோக்கக்
கூடிய மனோ திடத்தோடும் - நேர்மையான செயல்கட்குப்
போராடும் உள்ளத் தோடும், ஆழ்ந்து நோக்கிப் பிரச்சனை-
களை ஆராயும் தன்மை யோடும் - நீங்கள் கல்லூரியை
விட்டு வெளியேற வேண்டும். அப்போதுதான் நீங்கள் உங்-

களுடைய வாழ்நாட்கள் முழுவதும் எல்லாத் துறைகளிலும் வாகை சூடுவீர்கள்.

மாணவர்கள் பெறும் பட்டங்கள் மட்டும் உங்களுடைய வாழ்க்கையின் எல்லா நன்மைகளையும் வழங்கிவிடும் என்று எதிர்பார்க்காதீர்கள். இங்கே நீங்கள் முதுகலைப் பட்டம் எனப்படும் எம்.ஏ. பட்டம் பெற்றிருக்கலாம். அல்லது பெற-லாம். இந்தப் பட்டம் உங்கள் எதிர்கால வாழ்க்கைக்கு ஓர் ஆரம்பப் பாடமே ஆகும்!

கல்லூரிக்கு வெளியே நீங்கள் கற்கவேண்டிய பாடங்கள் ஏராளமாக இருக்கின்றன. அந்தக் கல்விக்கு இந்தப் பட்ட-மும் படிப்பும் முதல் படியாகத்தான் அமையும்.

வெளியுலக வாழ்க்கை என்பது ஒரு மொழி போன்றதே. அந்த மொழியை உணர, நீங்கள் படித்தக் கல்லூரிப் படிப்பு உங்களுக்கு எழுத்துக்களாகவே பயன்படும். அந்த மொழி-யால் நீங்கள் வெற்றிகண்ட உங்களுடைய வாழ்க்கையை வளமாக்கிக் கொள்ள வேண்டும். அதே நேரத்தில் உங்க-ளைச் சார்ந்து, நம்பி இருப்போர் வாழ்க்கையையும் நீங்கள் மேம்படுத்த வேண்டும்.

மாணவர்கள் நிறையக் கற்பதற்கும், உங்களுடைய வாழ்க்கையை முன்னேற்றிக் கொள்வதற்கும், உறுதிப்படுத்திக் கொள்வதற்கும் இதுதான் தக்க பருவம் என்பதை நீங்கள் உணர வேண்டும்.

உலகில் வாழ்ந்த மிகப் பெரிய தலைவர்களுடைய வாழ்க்-கையை, வரலாற்றை எல்லாம் நீங்கள் படிக்க வேண்டும். அவர்களில் கல்லூரிப் பட்டங்கள் பெற்றவர்களும் உண்டு, பெறாதவர்களும் இருப்பார்கள்.

ஆனால், அவர்கள் அறிவைத் தேடி உழைத்திட ஓடி-யவர்கள் என்பதை எவராலும் மறுக்க முடியாது. அத்த-கையவர்கள் தான் மனித சமுதாயத்திற்கும் வழிகாட்டிகளாக வாழ்ந்தவர்கள் என்பதை எவராலும் மறக்க முடியாதவர்கள் ஆவர்.

இங்கிலாந்து நாட்டைச் சேர்ந்த பெவின் என்பவர் இந்-தியா விற்கு வருகை தந்தார். அவர் போர்க் காலத்தில் நமது

நாட்டைச் சேர்ந்த மாணவர்கள் சிலருக்கு, இங்கிலாந்தில், குறுகிய நாட்களில், தொழில் பயிற்சி அளிப்பதற்கு ஒரு திட்டத்தை வகுத்தவர். அவருடைய வாழ்க்கை வரலாற்றைக் கூறுவதானால், நீண்ட நேரமாகும்.

உழைப்பால் உயர்ந்தோர் வரலாறுகளைப் படியுங்கள்!

அந்த பெவின், இங்கிலாந்து நாட்டைச் சேர்ந்த ஒரு பெரிய கட்சியின் தலைவராகவும், அந்த நாட்டின் அமைச்-சராகவும் இருந்தவர். அவர் தனது பள்ளிப் படிப்பை முடித்-ததும், தாமே முயன்று ஓயாமல் உழைத்து முன்னேறினார்.

அமெரிக்கரான ஹென்றி போர்டு என்பவரும், லூயி பாஸ்டர், கணிதமேதை இராமானுஜம் போன்ற பெரியோர்-களின் வாழ்க்கை வரலாற்றை நீங்கள் படிக்க வேண்டும். அவர்கள் கல்லூரியில் கற்காவிட்டாலும், அஞ்சா நெஞ்ச-மும், உறுதியான உள்ளமும் உடையவர்களாக இருந்தார்கள், வாழ்க்கையில் முன்னேறினார்கள்.

நோபல் பரிசு பெற்ற நமது நாட்டு விஞ்ஞானியான சர்.சி.வி.இராமன், சென்னைப் பல்கலைக் கழகத் துணை வேந்தராகப் பல ஆண்டுகளாக பணிபுரிந்த டாக்டர் இலட்-சமன சாமி முதலியார், இந்தியாவின் முதல் நிதியமைச்சராக இருந்த சர்.ஆர்.கே.சண்முகம் செட்டியார், சர்.இ.பி.இராம-சாமி ஐயர் போன்றவர்கள் வாழ்க்கையில் முன்னேறியவர்-கள் என்றால், அதற்குக் காரணம் அவர்களது இடைவிடாத உழைப்பும், கடமை உணர்ச்சியும், தணியாத ஆர்வமுமே ஆகும். அவர்களைப் பின்பற்றி நீங்களும் முன்னேறி நமது தாயகத்தின் ஒளிபடைத்த தலைவர்களாகத் திகழவேண்டும் என்பதே எனது ஆவல்.

என்னுடைய வாழ்க்கையில் எத்தனையோ நிகழ்ச்சிகள் நடந்திருக்கின்றன.

அவற்றை எல்லாம் இங்கே கூறிட நேரமில்லை இன்று வரை நான் படித்துள்ள புத்தகங்களின் எண்ணிக்கையைப் பற்றி மட்டும் உங்களுக்குக் கூற விரும்புகிறேன்.

விஞ்ஞானம்,பொறியியல் ஆகிய துறைகளைப் பற்றிய 18 ஆயிரம் புத்தகங்களும், உளநூல் தொடர்புடைய 3 ஆயி-ரம் நூல்களும் எனது நூலக அறையில் இருக்கின்றன. அவற்றை ஆழ்ந்து படித்ததின் மூலம்தான் ஓரளவுக்கு நான் அறிவு பெற்றேன். கோவைக்கு வருகின்ற மாணவர்கள் அவற்றை வந்து பார்க்கலாம். அதனால் நீங்கள் புதிய உற்-சாகத்தைப் பெறுவீர்கள்.

மதுரை அமெரிக்கன் கல்லூரி பேச்சு!

(மதுரையில் உள்ள அமெரிக்கன் கல்லூரி வாணிக மன்-றத்தில், COMMERCE UNIONனில் 23.2.1953 - ஆம் ஆண்டில் திரு.ஜி.டி.நாயுடு அவர்கள் சொற்பொழிவு ஆற்-றிய உரையின் ஒரு பகுதி இது)

"அன்பார்ந்த மாணவ மணிகளே!

கல்லூரியில் என்ன பாடங்கள் கற்பிக்கப்படுகின்றன என்-பதைப் பற்றியும், மாணவர்கள் எவ்வாறு கல்வி கற்கிறார்கள் என்பதைக் குறித்தும், எனக்குப் பல ஆண்டுகளாக ஒன்றுமே தெரியாமல் இருந்தது. இப்போது கூட இங்கே நீங்கள் என்-னென்ன படிக்கிறீர்கள் என்று சரிவரத் தெரியாது.

நமது கல்லூரிகளில் படித்த பழைய மாணவர்கள், இப்-போது பெருந்தலைவர்களாகவும், விஞ்ஞானிகளாகவும், நிர்-வாகிகளாகவும் இருப்பதைப் பார்க்கிறேன். அவர்கள் மற்ற அயல் நாட்டுத் தலைவர்களுக்குச் சமமாகவும், ஏன் அதற்-கும் மேலாகவும் விளங்குவதைக் கண்டு நான் மகிழ்ச்சி அடைகின்றேன்.

ஆனால், இப்பொழுது, சில சமயங்களில் நான் ஒன்றை உணர்கிறேன். அது, கல்வித் தரம் படிப் படியாகக் குறைந்து வருகிறது என்பது தான். அதற்குக் காரணம் நீங்கள் மட்டு-மல்லர்: சூழ்நிலைகளும் ஆகும்.

சிறு குழந்தைகளுக்கு கல்வி அறிவூட்டும் சிறந்த பள்ளி இல்லம்தான். உயர்ந்த ஆசிரியர்கள் தாய் தந்தைகளே குழந்தைகள் வளர்கின்ற பொழுது அவர்களுக்கு நல்ல புக-லிடம் கல்லூரியும், உணவு விடுதிகளுமே ஆகும். பெரும்-பாலான மாணவர்களுக்கு வீட்டில் நல்ல பயிற்சி அளிக்-

கப்படுவதில்லை. அதற்குக் காரணம். பெற்றோர்கள் கல்வி அறிவற்றவர்களாக இருப்பதுதான்.

மாணவர்கள் கல்லூரிக்கு வரும்போது, தம் பெற்றோரை-விடத் தாங்கள் சிறந்த அறிவாளிகள் எனவும், குடும்பத் தலைவர்கள் எனவும் நினைக்கத் துவங்கி விடுகிறார்கள். அப்பொழுதுதான் கட்டுப்பாடின்மை indiscipline ஏற்படு-கிறது. அவர்கள் சுதந்திரமாகத் திரிவதாலும் சூழ்நிலைகள் மேலும் மோசமடைகின்றன.

நன்மை தீமைகளை இளம் உள்ளங்கள் ஆராய்ந்து பாராமல் அப்படியே ஏற்றுக் கொண்டு விடுகின்றன. இன்-னும் சொல்வதானால் அவர்கள் எப்படி உண்பது? எப்பொ-ழுது உண்பது? எவ்வளவு உண்பது? எதை உண்பது? எப்-பொழுது உறங்குவது? எப்படி உடை அணிவது? எப்படிக் குளிப்பது? எப்படிப் பிறருடன் பழகுவது? எப்படி வேலை-களைச் செய்வது? என்ற ஆரம்பப் பாடம் கூடத் தெரிவ-தில்லை. அவர்கள் இவற்றை எல்லாம் நாள்தோறும் செய்-கிறார்கள், ஆனால் ஒழுங்கற்ற முறையில்!

மாணவர்கள் கல்லூரிக்கு எதற்காக வந்தார்களோ அதை மறந்து, விளையாட்டிலும், திரைப்படங்களிலும், விழாக்களி-லும், நாவல்களிலும், நேரத்தை வீணாக்குகிறார்கள்.

மாணவர்கள் தங்களது 15-ஆம் வயது முதல் 25-ஆம் வயது வரையுள்ள 10 ஆண்டுக் காலத்தை எவ்வாறு கழிக்-கிறார்கள் என்பதற்கு ஒரு புள்ளிவிவரம் கூறுகிறேன். கேளுங்கள்...

எண்செலவுசெய்த முறைகள்ஆண்டுமாதம்நாட்கள்

1. தூக்கம்345
2. உணவு-718
3. கண்ணாடி முன் நின்று அழகு பார்த்தல்-78
4. திரைப்படம், விளையாட்டு,
இசை, நாவல் படித்தல்,
முதலிய வீண் பொழுதுபோக்கு434
5. கல்வி1115

மாணவர்கள் தங்களுடைய இந்தப் பத்தாண்டுக் காலத்தில், படிப்புக்காகச் செலவு செய்யும் காலம் எவ்வளவு தெரியுமா? ஓர் ஆண்டு, ஒரு மாதம், 15 நாட்கள் மட்டும் தான். அதாவது பதின்மூன்றரை மாதங்கள் மட்டுமே. இந்தக் கல்வி கற்கும் காலத்தில் கூட, மானவர்கள் கல்வி மீது கவனம் வைத்துப் படிக்கும் நேரம் பாதிக்கும் குறைவாகும்.

இந்த நிலை மாறவேண்டாமா? உணவுக்கும், தூக்கத்துக்கும், வீணானபொழுது போக்குகளுக்கும் செலவழிக்கும் நேரத்தைக் குறைத்து, அதைப் படிப்புக்காகப் பயன்படுத்தினால், மாணவர்கள் படிக்க வேண்டிய அவசியமில்லையே.

படிப்புக் காலத்தைக் குறைக்கலாம், அதன் வாயிலாக நீங்கள் உங்களுடைய பெற்றோர்க்கும் - கல்லூரி நிர்வாகிகளுக்கும் ஒரு சுமையாக இருப்பதை ஒழிக்க முடியும்.

வாணிகத் துறையைச் சேர்ந்த மாணவர்களாகிய நீங்கள், கல்லூரியில் செலவு செய்யும் நேரத்தைப் பற்றி ஒரு முறையாவது கணக்கிட்டதுண்டா? ஒரு முறையாவது கூட்டி, வகுத்துப் பார்த்ததுண்டா?

உங்களுடைய தந்தையாரின் மாத வருமானம் என்ன? அதிலிருந்து நீங்கள் செய்யும் செலவு, அந்தச் செலவில் உங்களது உடை வகைகள், பூட்சு வகைகள், பற்பசை, தலை எண்ணெய், பிளேடு, மருந்து, பவுடர், சுனோ. வாசனை திரவிய வகைகள். உணவு விடுதிச் செலவுகள் ஆகியவற்றுக்கு ஆகும் தொகை முதலியவற்றைப் பற்றி ஒரு முறையாவது கணக்குப் போட்டுப் பார்த்திருக்கிறீர்களா?

கல்லூரியை விட்டு வெளியே போனதும், நீங்கள் இவ்வளவு காலம் செலவு செய்தற்கு என்ன இலாபம் பெறப் போகிறீர்கள்?

கல்லூரியில், நீங்கள் உங்களது வாழ்க்கை எனும் கட்டிடத்திற்கு அடித்தளம் தானே அமைத்திருக்கிறீர்கள்? இனிமேல் தானே நீங்கள் உங்களது கட்டிடத்திற்கு கூரை வேய வேண்டும்? சன்னல் அமைக்க வேண்டும்? கட்டிடத்தைக் கட்டி முடிக்க வேண்டும்? அப்போதுதானே நீங்கள் உங்களுடைய குடும்பத்தோடு வசதியாக வாழ்க்கையை நடத்த முடி-

யும்?

வெளி உலக வாழ்க்கையில், மாணவர்களே! நீங்கள் இனி மேல் தான் புகப் போகிறீர்கள். அப்பொழுது நீங்கள் கல்லூரியில் கற்ற அறிவைப் பயன்படுத்தி வெற்றி காணவேண்டும்.

வாழ்க்கைக்கு விஞ்ஞானம்,கணக்கு,வாணிகம் போன்றவை பெரிதும் பயன்படும் துறைகளாகும். இவை ஒன்றோடு ஒன்று தொடர்புடையன.

நான் தொழில் துறையில் இலாபம் பெற்றேனென்றால், அதற்கு எனது தொழிலறிவு மட்டுமே காரணமன்று. நான் பஞ்சு வாணிகத்தில் பஞ்சு படாத இன்னல்களை, துன்பங்களைப் பட்டேன். பம்பாய் நகர் வரை கூடப் பறந்தேன். பஞ்சு வாணிகத்தில் நான் பெற்ற அனுபவ அறிவு இது.

ஆனால், பஞ்சு வியாபரத்தில் நான் பட்ட நட்டங்கள்தான். தொழில் துறையில் எனக்கு லாபம் பெற்றுத் தந்தது. அது போலவே நீங்களும் அனுபவத்தின் மூலம் தான் நிறையக் கற்றுக் கொள்ள முடியும்.

மாணவர்களே! நீங்கள் வேலைக்குச் சேரும் இடத்தில் உங்களது உழைப்பாலும், ஆர்வத்தாலும் நல்ல பெயர் எடுக்க வேண்டும். உங்களை வேலைக்கு வைத்திருப்பவர் தானாக முன்வந்து, மனம் விரும்பி, உங்களையும் எனது வியாபாரத்தில் பங்குதாரராகச் சேர்த்துக் கொண்டிருக்கிறேன் என்று அவர் கூறும் வகையில் நீங்கள் பணியாற்ற வேண்டும்.

உங்களுக்கு ஓர் உதாரணம் கூற விரும்புகிறேன். நான் பஸ் போக்குவரத்துத் தொழிலில் புகுந்த பொழுது, எனக்குக் கணக்கு வழக்கு முறைகளைப் பற்றி ஒன்றுமே தெரியாது. ஆனால் மிகக் குறுகிய கால அனுபவத்தின் வாயிலாக ஓர் அருமையான கணக்கு முறையைக் கண்டு பிடித்தேன். அதே முறையைத்தான் 1920 - ஆம் ஆண்டிலிருந்து இன்றும் பின்பற்றி வருகிறேன்.

அந்த கணக்கு முறையையும், அதற்காகப் பயன்படுத்தப் படும் புத்தகங்களையும், இரசீதுகளையும் நீங்கள் வேறு எங்குமே காணமுடியாது. பாடப் புத்தகங்களிலும் பார்க்க முடி-

யாது.

அவை, வியாபாரத்தைத் திறமையாகவும், சிக்கனமாகவும் நடத்துவதற்காகக் கண்டு பிடிக்கப்பட்டவை. அதைப் போலவே நீங்களும் பிற்காலத் தேவைக்கேற்பப் புதியன கண்டு புகழடைய வேண்டுமென நான் உங்களை வாழ்த்து-கின்றேன்.

திருச்சி சூசையப்பர் கல்லூரி விஞ்ஞானக் கழக உரை!

(திருச்சி சூசையப்பர் கல்லூரி விஞ்ஞானக் கழகத்தில் 14.2.1953-ஆம் ஆண்டில், திரு.ஜி.டி.நாயுடு அவர்கள் முழக்கமிட்ட உரையின் ஒரு பகுதிச் சுருக்கம் இது.)

மாணவர்களே மாணவிகளே! அன்பார்ந்த ஆசிரியப்பெ-ருமக்களே!

கலை, வரலாறு முதலிய பாடங்களில் எனக்குச் சரியான பயிற்சி இல்லாததால் நீங்கள் விரும்பும் அளவுக்கு அழகாகச் சொற்பொழிவாற்ற என்னால் முடியாது.

1937-ஆம் ஆண்டுக்கு முன்பு நான் எந்தக் கல்லூரிக் குள்ளும் வேடிக்கைப் பார்க்கக் கூட நுழைந்தது கிடையாது. 1937-ஆம் ஆண்டில் சென்னையில் ஒரு கிறித்துவ மாநாடு நடைபெற்றது. அப்பொழுது நான் அங்கே இருந்தேன்.

ஊர்வலம் மிகப் பெரியதாக இருந்தது. ஆர்வத்தால் உந்-தப்பட்டு அந்த நிகழ்ச்சிகளைச் சலனப் படம் பிடித்தேன். மற்றவர்கள் எடுத்தப் படங்களைவிட எனது படம் அருமை-யாக அமைந்திருந்ததால், சென்னை இலயோலாக் கல்லூரி முதல்வர் திரு. வரீன் என்பவர் அந்தப் படங்களை இலயோ-லாக் கல்லூரியின் திரையில் போட்டுக் காட்டும்படிக் கேட்-டுக் கொண்டார்.

அவரது அழைப்பை ஏற்றுக் கொண்ட நான் கல்லூரிக்-குள் சென்றேன். அதுதான் நான் எனது வாழ்க்கையில் கல்-லூரிக்குள் நுழைந்த முதல் நிகழ்ச்சியாகும். அன்று நான் அங்கே படம் போட்டுக் காட்டினேன்.

ஆனால், அதற்கு முன் ஒரு விதியினை மாணவர்களை ஒப்புக் கொள்ளும்படி செய்தேன். அதாவது, அவர்கள் விரும்பும் மாநாட்டுப் படத்தை முதலில் போட்டுக் காண-

பிப்பேன். அது முடிந்ததும், நான் விரும்பும் சில கல்விப் படங்களும் போட்டுக் காண்பிப்பேன். அதையும் அவர்கள் தொடர்ந்து பார்க்க வேண்டும். படம் முடியும் வரை யாரும் எழுந்து போகக் கூடாது என்று வலியுறுத்திக் கூறினேன்.

ஆசிரியர்களும், மாணவர்களும், எனது விதியை ஏற்றுக் கொண்டார்கள். மாலை 5 மணிக்கு துவங்கிய படக்காட்சி, இரவு ஒரு மணி வரை நடந்தது. இடையில் யாரும் சோறுண்ணக் கூட எழுந்திருக்கவில்லை. படம் தொடர்ந்து ஓடியது.

இரவு ஒரு மணிக்குப் பார்வையாளர் பக்கம் திரும்பிப் பார்த்தேன். கல்லூரி முதல்வரும், ஒன்றிரண்டு மாணவர்க-ளும் தவிர, மற்ற அனைவரும் தமது நாற்காலிகளிலேயே உறங்கிக் கொண்டிருந்தார்கள். அவர்களை மேலும் நான் சோதிக்க விரும்பாததால், படக் காட்சியை அத்துடன் முடித்துக் கொண்டேன். அன்றுதான் கல்லூரி என்றால் என்ன என்பதை பற்றி நான் முதன் முதலாகத் தெரிந்து கொண்டேன்.

கல்வி என்பது மாணவர்களுக்கு உதவவும், மனித இனத்-துக்கு நன்மை பயக்கவும் ஏற்பட்ட ஒரு சாதனமாகும். மாணவர் கள் கல்விக்காகவே இருக்கிறார்கள் என்று எண்-ணக் கூடாது.

கல்வி என்பது மாணவர்களுக்கு ஓர் ஊன்றுகோல் ஆகும். புத்தகங்களிலிருந்தும், சொற்பொழிவுகளிலிருந்தும் நீங்கள் பெறும் அறிவும், தேர்வுகளில் வாங்கும் நூற்றுக்கு நூறு மதிப்பெண்களும், இறுதியில் நீங்கள் பெறும் பட்டமும் உண்மையான கல்வி ஆகாது.

இவையெல்லாம் உங்களது வாழ்க்கை எனும் கல்விக்கு-ரிய வளர்ச்சிப் படிகளாகும். இங்கே நீங்கள் கடமை உணர்ச்-சியோடு சிறந்த பயிற்சி பெற வேண்டும். உங்கள் சக்திகளை வீணாக்கக் கூடாது; வளர்த்துக் கொள்ள வேண்டும்.

மாணவர்கள் தங்களது பண்புகளை நல்ல அடிப்படையில் உருவாக்கிக் கொள்ள வேண்டும். சமுதாயத்திற்கு நீங்கள் பணியாட்கள் (Servants) என்ற மனப் பக்குவத்தை

வளர்த்துக் கொள்ளல் வேண்டும். தவறுவீர்களேயானால் நீங்கள் பல உண்மைகளைக் கற்றுக் கொள்ள இயலாமல் போய்விடும்.

நான் ஒரு கொள்கையை உறுதியாகக் கொண்டிருக்கி-றேன். அதாவது, நமது வாழ்வின் முதல் 25 ஆண்டுகள் கல்வியும் பயிற்சியும் பெற வேண்டும். அடுத்த 25 ஆண்-டுகளில் அவற்றைப் பயன்படுத்திப் பொருள் சம்பாதிக்க வேண்டும். இறுதி 25 ஆண்டுகளில் ஈட்டிய பொருளை நல்ல வழிகளில் செலவு செய்து புகழ் அடைய வேண்டும். இந்தக் கொள்கைகளை மாணவர்களும் கடைபிடித்தால் வாழ்வில் முன்னேற்றம் காண்பீர்கள். நமது உடலையும், மனத்தையும் கெடுக்கக்கூடிய பல பொருட்கள். இப்பொழுது உலகில் இருக்கின்றன. உதாரணமாக, உணவை எடுத்துக் கொள்ளுங்கள். பொருந்தாத உணவை உண்பதால், உடலும், அதனால் மனமும் கேடு அடைகின்றன.

மக்களில் சிலர் கோபத்துடனும், வேறு சிலர் நல்ல பண்புடனும், மற்றும் சிலர் சூழ்ச்சி மனப்பான்மையுடனும், அடுத்த சிலர் மனோதிடத்திடனும், வேறு சிலர் நோய்வாய்ப்-பட்டும் வாழ்கின்றதைப் பார்க்கின்றோம்.

இவை எல்லாம் உணவாலும், தட்ப வெப்பத்தாலும், சூழ்-நிலைகளாலுமே ஏற்படுகின்றன. மனம் உறுதியாக இருந்-தால் இந்த மாற்றங்களை நாம் பெரும் அளவுக்குத் தடுத்து விடலாம். எனது பேச்சு உங்களுக்கு இப்போது பொருத்த-மற்றதுபோல தோன்றலாம். ஆனால், உணவு, உடல், மனம் என்ற மூன்றும் ஒன்றோடொன்று இணைந்தன என்பதற்கு ஒரு சான்று கூறுகின்றேன்.

பாடும் ஒரு கிராமபோன் பெட்டிக்கு முன்னால் ஓர் எக்ஸ்ரே' கருவியைப் பொருத்தி, அதற்கு முன்னால் ஒரு பூனையை நிறுத்தி உணவுக் கொடுத்தால் அந்தப் பூனையின் வயிற்றில் நடைபெறும் மாறுதல்களை எக்ஸ்ரேப் படம் மூலம் காணலாம்.

பூனையின் வயிற்றில் ஒரே அளவாக ஹைடிரோ குளோ-ரிக் அமிலம் சுரப்பதையும், உணவு சரியாகச் செரிப்பதையும்

பார்க்கலாம்.

ஆனால், கிராமபோன் கருவியில் பாடும் பாட்டை மாற்றி, நாய் குரைப்பதைப் போன்ற ஒலி எழுப்பும் இசைத் தட்டைப் போட்டால், பூனைக்குப் பயமும், கோபமும் ஏற்ப- டுகின்றன. உடனே அதன் வயிற்றிலும் மாறுதல் ஏற்படுகின்- றது; உணவு செரிப்பது தடைபடுகின்றது. அதனால் சோர்- வும், நோயும் ஏற்படுகின்றன. இதை நீங்கள் நன்றாக உணர வேண்டும்.

மனித உணர்வுக்கும், உடலுக்கும் உள்ள தொடர்பை நீங்- கள் பலமுறை அனுபவித்திருக்கலாம். யாராவது ஒருவருக்- குத் திடீரென்று கோபமோ, துக்கமோ வந்தால், உடனே அவரது உடலில் சோர்வு ஏற்படுகின்றது. உடல் முழுவதும் வேர்க்கின்றது. அதற்குக் காரணம் என்ன?

உணவோ, அல்லது மருந்தோ அல்லது தட்ப வெட்டமோ அந்த மாறுதலை ஏற்படுத்தவில்லை. அப்படியானால் அந்த மாறுதலை உண்டாக்கியது எது? மனமல்லவா?

எனவே, மனமும் - உடலும், உணவுகளும் ஒன்றோ- டொன்று தொடர்புடையன என்பதை நீங்கள் உணர வேண்- டும். மூன்றையும் நல்ல நிலையில் வைத்திருக்க வேண்டும்.

அதற்கு மாணவர்கள் தங்கள் சக்தியை வீணாக்காமல் திரட்டி வைக்க வேண்டும். அப்பொழுதுதான் பல செயற்க- ரும் செயல்களை மாணவர்களால் செய்ய முடியும். எனவே, மாணவ மணிகளே! உங்களுடைய சக்தியை வீணாக்காதீர்- கள் என்று கேட்டுக் கொள்கிறேன்.

சென்னை, கிண்டியின் பொறியியல் கல்லூரியில்!

சென்னை நகரில், கிண்டி பகுதியிலே இருக்கும் பொறியி- யல் கல்லூரியின் இயந்திரப் பிரிவு மன்றம், 25.2.1953-ஆம் ஆண்டில் நடைபெற்ற விழாவில் திரு. ஜி.டி. நாயுடு அவர்- கள் ஆற்றிய சொற்பொழிவுச் சுருக்கம் இது :

"பொறியியல் மாணவ மணிகளே!

உங்களிடையே நான் பொறியியல் துறை பற்றி ஒரு சிறி- தும் பேச மாட்டேன். அதற்குக் காரணம், நீங்கள் தினந்- தோறும் அதைப் பற்றியே படித்துக் கொண்டும், கேட்டுக்

கொண்டும் சிந்தித்துக் கொண்டும் இருக்கிறீர்கள். இப்படிப்பட்ட உங்களிடம் நான் வேறு பொறியியல் துறை நுணுக்கங்களை எடுத்துரைப்பது, அவ்வளவு உணர்வு பூர்வமான மகிழ்ச்சியைக் கொடுக்காதில்லையா? அதனால் சில அவசியமான அறிவுரைகளை மட்டுமே உங்களுக்கு நான் கூற விரும்புகிறேன்.

முன் நாட்களில் பொறியியல் துறை பட்டதாரிகள் திறமையாளர்களாகவும், உறுதியான உள்ளமுடையவர்களாகவும் இருந்தார்கள். அவர்கள் படிக்கும்போது மின்சார ரயிலோ, மோட்டார் சைக்கிளோ அல்லது கார்களோ கிடையாது.

அந்த நாளில் மாணவர்கள் உண்ணும்போதும், கல்வி பற்றிய சிந்தனையிலேயே இருந்தார்கள். அதனால், அறிவாற்றல் படைத்தவர்களாக அக்கால மாணவர்கள் கல்லூரிகளை விட்டு வெளியே வந்தார்கள்.

ஆனால், தற்கால மாணவர்களாகிய உங்களுக்கோ கல்வியைப் பற்றி நினைக்கவே நேரமில்லை. உங்களுடைய எண்ணமெல்லாம் களியாட்டங்களையே சுற்றிச் சுற்றி வட்டமிடுகின்றன. அதனால் சக்தி சிதறுகின்றது; உள்ளமும் உடலும் கெடுகின்றன.

கல்லூரியில் நீங்கள் படிக்கும் காலத்தைச் சுருக்கி, அந்த அளவுக்குக் காலத்தை தொழிற்சாலைகளில் செலவிட வேண்டும். அவ்வாறு செய்தால் உங்களுடைய நேரமும் வீணாகாது; சோம்பலும் ஏற்படாது; உழைப்புக்கு ஏற்ற ஊதியமும் கிடைக்கும். உங்களுடைய பெற்றோரின் சுமையும் ஓரளவுக்கு நீங்கும்.

தொழிற்சாலை படிப்புக் காலம் முடிந்ததும் உங்களுடைய பட்டம் தரப்பட வேண்டும். கல்லூரியில் யாருக்கும் இடமில்லை என்பதோ அல்லது வடி கட்டும் தேர்வு முறைகளோ (Selection) கூடாது.

ஏராளமான தொழிற் கல்லூரிகளைத் திறப்பதின் மூலம் இட நெருக்கடிகளைத் தவிர்க்கலாம். அரசாங்கமே புதிய கல்லூரிகளை நிறுவ வேண்டும். அதற்கு அதிகப் பணச் செலவு ஏற்படுமே என்று அஞ்சத் தேவையில்லை.

கல்லூரிகள் எல்லாம் வாணிக முறைப்படி, தொழிற்சாலை களைப் போல் நடத்தப்பட வேண்டும். மாணவர்கள் அங்கு உழைத்துப் பொருளிட்ட வசதிகள் இருக்க வேண்டும்.

கூட்டுறவு முறையில் கல்லூரிகள் இயங்க வேண்டும். உற்பத்தியாகும் பொருட்களின் வருமானத்தைக் கொண்டே கல்லூரியை, அதன் செலவுகளைச் சரி கட்டலாம். இதனால் நாட்டில் தொழில் அறிவும், தொழில் நிலையும், பொருளா-தாரமும் உயரும்.

வாணியம்பாடி இஸ்லாம் கல்லூரி! - தமிழ்நாட்டின் பழைய வட ஆற்காடு மாநிலத்திலும் இன்றைய வேலூர் மாவட்டத்திலும் இருக்கின்ற நகரம் வாணியம் பாடி எனும் நகராட்சி நகர். இங்கே இஸ்லாமியப் பெருமக்கள் பெரும்-பான்மையாக வசித்து வருகிறார்கள். அதனால் இசுலாமி-யர்களுக்கு என்று தனி ஒரு கல்லூரி இந்த நகரத்தில் இயங்கி வருவதால், அக்கல்லூரியின் தமிழ் மன்றத்தில், 11.2.1953-ஆம் ஆண்டில் திரு. ஜி.டி. நாயுடு அவர்கள் இங்லீஷ் மொழியில் பேசினார். அந்தப் பேச்சின் தமிழாக்கப் பகுதி சுருக்கம் இது.

அருமை மாணவர்களே! நான் உங்களுடைய கல்லூரி-யில், தமிழ் மொழியைப் பற்றி ஆங்கிலத்தில் பேசுகிறேன். அந்த நிலை எனக்கு ஏற்பட்டு விட்டதற்காக நீங்கள் என்னை மன்னிக்க வேண்டும்.

நான் தமிழில் பேசினால், நீங்கள் மட்டுமே அறிய முடி-யும். ஆனால், ஆங்கிலத்தில் நான் பேசினால், பின்னர் இப் பேச்சை வெளிநாட்டாரும் அறிய வாய்ப்பு உண்டாகும்.

நான் இளமைக் காலத்தில் தமிழ்மொழியில் அளவு கடந்த பற்று வைத்திருந்தேன். காலப் போக்கில் எனக்கு அதனோடு தொடர்பு குறைந்தது. தமிழ்தான் உலகத்திலேயே முதன் முதலில் தோன்றிய மொழி. அதுதான் மற்ற எல்லா மொழிகளுக்கும் பிறப்பிடம். அது நல்ல இலக்கிய வளம் உடைய மொழி என்பது எனது அசைக்க முடியாத கருத்து.

இந்தக் கருத்தை நான் அமெரிக்காவில் 1940-ஆம் ஆண்டில் நடந்த பல பொதுக் கூட்டங்களிலே பேசும்போது

வலியுறுத்திக் கூறியுள்ளேன். அந்தச் சொற்பொழிவின் சில பகுதிகள் சர்விசஸ் அண்ட் சேல்ஸ் என்ற அமெரிக்கப் பத்திரிக்கையில் 1940-ஆம் ஆண்டு மார்ச்சு மாதம் இதழில் வெளி வந்துள்ளன.

ஆனால், தமிழில் உள்ள ஒரே ஒரு குறை. அதில் ஏராளமான ஆபாசக் கருத்துக்கள் கலந்து விட்டன என்பதேயாகும். நீங்கள் தமிழைக் கற்கும்போது, தீயவற்றை நீக்கி - நல்லவற்றையே கற்க வேண்டும். தமிழில் மிகச் சிறந்த அறநூல்கள் இருக்கின்றன. அத்தகைய அற நூல்களை நீங்கள் உலகின் வேறு எந்தமொழியிலும் காண முடியாது.

நான் ஆங்கிலமும், சில வட இந்திய மொழிகளும் பயின்றுள்ளேன். எனக்குத் தெரிந்தவரை, தமிழ், மனித குலத்தின் அறப் பண்பை வளர்க்கும் ஓர் அரிய மொழியாகும். ஆனால், நீங்கள் தமிழோடு அமையாது, ஆங்கிலத்திலும், நல்ல புலமை பெற வேண்டும். விஞ்ஞானம், தொழில் நுட்பம் ஆகியவை ஆங்கிலத்தில் தான் இருக்கின்றன. நான் உங்களுக்குக் கூற விரும்புவது தமிழில் பற்றும், ஆங்கிலத்தில் புலமையும் பெற்று நாட்டை உயர்த்த வேண்டும் என்று கேட்டுக் கொள்கிறேன்.

காரைக்குடி அழக்கப்பா கல்லூரி! - காரைக்குடியில் உள்ள அழகப்பா கல்லூரியில் 1955-ஆம் ஆண்டில், வள்ளல் அழகப்பருக்கு முன்னால் மாணவர் பேரவையில் திரு. ஜி.டி. நாயுடு ஆற்றிய சொற்பொழிவின் ஒரு பகுதிச் சுருக்கம் இது.

"இது ஒரு கலைக் கல்லூரி. இங்கு மாணவர்களாகிய நீங்கள் வெறும் ஏட்டுக் கல்வியைப் பெறுகிறீர்கள். இந்தக் கல்வியால் யாருக்கும் எந்தவிதப் பயனுமில்லை. இந்தக் கல்வி தோல்வி அடைவதை இன்னும் 15 ஆண்டுகளில் எல்லோரும் உணர்வீர்கள்.

இந்தக் கல்விக்காக வள்ளல் அழகப்பர் இவ்வளவு பெரிய கட்டடங்களைக் கட்டிப் பணத்தை வீணாக்கி இருக்க வேண்டாம், இதற்குப் பதிலாகத் தொழிற் கல்வியே முக்கியம் என்று ஆரம்பித்திருக்கலாம்.

ஏட்டுக் கல்வியால் வேலை இல்லாத் திண்டாட்டம்தான் பெருகும். தொழிற் கல்வியால் வேலை பெருகும்; நாடும் வளரும். ஆகவே, இப்பொழுது நாட்டில் உள்ள வெறும் ஏட்டுக் கல்விக் கல்லூரிகளை எல்லாம் உடைத்துக் கற்க-ளையும்கூட பொடி பொடியாக்கி விட வேண்டும்.

கலைக் கல்லூரி இருந்த இடமே - அடையாளமே, அடுத்தத் தலைமுறைக்குத் தெரியக் கூடாது. அடையாளம் தெரிந்தால் பிறகு மீண்டும் ஏட்டுக் கல்வி தொடரும் எண்-ணமே வரும். ஆகவே, ஏட்டுக் கல்விக் கல்லூரிகளை ஒழித்துத் தொழிற் கல்வி நிலை மாணவர்களை வளர்க்க எல்லோரும் முன் வரவேண்டும். வள்ளல் அழகப்பர் எனது நண்பர் என்னை மன்னிப்பாராக.

15. கொடை வள்ளல் நாயுடு வாரி வழங்கிய பட்டியல்!

சங்க காலப் பாரி, பறம்பு மலையில் வாழ்ந்த ஒரு குறுநில மன்னன் அவனிடம் குன்றுகள் போல செல்வம் குவிந்திருந்-தது. அதனால், அவனைத் தேடி நாடி ஓடி வந்த பானர்-களுக்கும், புலவர்களுக்கும், கவிஞர்களுக்கும் வாரி வழங்கி வறுமையைப் போக்கிப் பாரி என்ற பெயரைப் பெற்றான் தமிழ் வரலாற்றில்!

வாடிய பயிர்கள் கண்ட போதெல்லாம் வாடிய கருணை மனம் கொண்ட வடலூர் வள்ளல் பெருமான் இராமலிங்க அடிகளைப் போல, படர முடியாமல் தவித்து அலைமோதிக் கொண்டிருந்த முல்லைக் கொடியைக் கண்ட வள்ளல் பாரி, தனது தேரையே அதற்குத் தானமாக வழங்கி, அந்த முல்-லைக் கொடியை அதன்மேல் படர விட்டக் குறுநிலக் கோமான் பாரி, ஓரறிவு உயிர் மீதும் கருணையே வடிவமாகத் திகழ்ந்தவர் ஆவார். அதற்கான சில சம்பவங்களை இனிப் படிப்போம்.

கோவை திரு. ஜி.டி. நாயுடு அவர்கள், வள்ளல் பாரி-யைப் போல ஒரு குறுநில மன்னர் அல்லர் ஓர் ஏழைக்

குடும்பத்தில் பிறந்தவர். சாதாரணக் கல்வி கூட கற்காதவர். தனது வாழ்க்கையில் பல இன்னல்களையும், துன்பங்களையும், துயரங்களையும் ஏற்றவர். ஆனால், ஓயாத உழைப்பாலும், தளராத உள்ளத்தாலும், இரவு-பகல் என்று பாராமல் உழைத்தவர்.

எளிய குடும்பத்தில் பிறந்த ஜி.டி. நாயடு அவர்கள், மக்கள் மனதைக் கவரக் கூடிய அளவுக்கு முன்னேறி, உலக நாடுகளைப் பலமுறைச் சுற்றி, அந்தந்த நாட்டு மக்கள் பொருளாதாரத் துறையிலும், தொழிற் துறையிலும் முன்னேற்றம் அடைந்ததை நேரில் பார்த்தவர்.

இந்திய மக்களும், குறிப்பாகத் தமிழ்ப் பெரு மக்களும், மேநாடுகளைப் போல பொருளாதாரத் துறையில் முன்னேற வேண்டும். தொழிற் துறையில் வளர்ச்சிப் பெற வேண்டும் என்ற ஆவல் கொண்டார்.

ஏராளமான தொழிற்சாலைகளை அத் துறையில் அவரே உருவாக்கி, நம் நாட்டு மக்களுக்குரிய வேலை வாய்ப்புக்களை ஏற்படுத்திக் கொடுத்தவர் நாயுடு என்றால், இது ஏதோ மிகைப் படுத்திக் கூறுவதன்று.

தொழிலாளர்களின் வாழ்க்கைத் தரம் முன்னேற வேண்டும் என்ற கருணை உள்ளத்தால், தொழிலாளர் நலச் சங்கம் என்ற ஓர் அமைப்பை உருவாக்கினார் ஜி.டி. நாயுடு அவர்கள். அதன் தலைவராகவும் அவரே பணியாற்றினார்.

சங்கத்தை உருவாக்கி விட்டால் மட்டும் போதுமா? தொழிலாளர்கள் வாழ்க்கை அதனால் முன்னேறி விடுமா? என்று திரு. நாயுடு சிந்தித்தார்.

வள்ளல் பாரியைப் போல, பல லட்சம் ரூபாய் பெறுமானம் பெறும் தனது சொத்துக்களை, கோவை வள்ளல் திரு. ஜி.டி. நாயுடு அவர்கள் தொழிலாளர் நலன்களுக்காகவே எழுதி வைத்து விட்டார். வள்ளல் பாரி, வறுமையில் வாடி தேடி வரும் கலைஞர்களுக்கு வாரி வழங்கிய அன்பு உள்ளம் போல, கோவை வள்ளல் ஜி.டி. நாயுடு அவர்களும் தனது சொத்துக்களைத் தொழிலாளர்களுக்கு வாரி வழங்கினார்.

கல்வித் துறையில் தொழிற் புரட்சியை உருவாக்க எண்-
ணிய திரு. நாயுடு அவர்கள், இரண்டு தொழிற் கல்லூரி-
களை ஏற்படுத்தினார். இவை கல்விக்காக அவரால் வழங்-
கப்பட்ட கொடை உள்ளமல்லவா?

அது மட்டுமா? கலைக் கல்லூரிகள் கட்டடங்களை
உடைத்தெறிய வேண்டும் என்று வள்ளல் அழகப்பர் முன்பு
முழக்க மிட்ட கொடை வள்ளல் நாயுடு, அந்தக் கலைக்
கல்லூரிகளிலே கூட தொழிற் கல்வியை உருவாக்க வேண்-
டும், உடைத்தெறிவதால் பயனில்லை என்று உணர்ந்தார்.

அதே கலைக் கல்லூரி கட்டடங்களில் தொழிற் கல்வி-
யைப் புகுத்தினார். அவ்வாறு புகுத்தப்பட்டக் கல்லூரிகளில்,
சென்னை பச்சையப்பர் கல்லூரியும், இராமகிருஷ்ணர் கல்வி
நிலையமும், ஆந்திரப் பல்கலைக் கழகமும் ஆகும். அவற்-
றுக்குள் தொழிற் கல்வியைப் புகுத்த ஏராளமான நன்கொ-
டைகளை வாரி வழங்கினார் நாயுடு.

தன்னிடம் இருந்த பேருந்துகளில் சிலவற்றை உயர்-
நிலைப் பள்ளிகளுக்கு இனாமாகக் கொடுத்தார் நாயுடு.
இலட்சுமி நாயக்கன் பாளையத்தில் 1943-ஆம் ஆண்டில்
ஓர் உயர்நிலைப் பள்ளியை உருவாக்கினார்.

1943-ஆம் ஆண்டில் இரண்டாவது உலகப் போர் நடந்து
கொண்டிருந்தபோது, சென்னை மாகாணக் கவர்னராக
இருந்த சர். ஹார்தர் ஹோப் அவர்களிடம்; போர் நன்-
கொடையாக ஓர் இலட்சத்து பத்தாயிரம் ரூபாயை வழங்கி,
போரில் ஈடுபட்ட உயிர்களுக்கான வசதிகளைச் செய்து
கொடுக்குமாறு நாயுடு அவர்கள் கவர்னிடம் கேட்டுக்
கொண்டார்.

அதே நோக்கத்திற்காக, திரு. நாயுடு அவர்கள், போர்க்
கடன் பத்திரங்களுக்கும் பத்து இலட்சம் ரூபாயைக் கொடுத்-
தார்.

முதன் முதல் ஜி.டி. நாயுடு அவர்களால் யு.எம்.எஸ்.
மோட்டார் சர்விஸ் துவக்கப்பட்டதல்லவா? அந்த நிறுவனத்-
தில் பணியாற்றிடும் தொழிலாளர் துன்பங்களை, இன்னல்-
களைப் போக்கி, நல்வாழ்வு பெற்றிடுவதற்காக ஒன்னரை

இலட்சம் ரூபாயை சங்க நிதியாக வழங்கியவர் ஜி.டி. நாயுடு அவர்கள்.

சென்னை மாகாணத் தொழிலாளர் சங்க நல வளர்ச்சிக்-காக ஓர் இலட்சம் ரூபாயை அவர் நிதியாகக் கொடுத்தார்.

தனது நிருவாகத்தில் ஒன்றாக விளங்கிய ரேடியோ – மோட்டார் தொழில் வளர்ச்சிக்காக இரண்டு இலட்சம் ரூபாயை நிதியாக வழங்கியவர் நாயுடு அவர்கள்.

தாழ்த்தப்பட்ட மக்கள் மிகவும் தாழ் நிலையில் வாடுவதை நேரில் கண்ட திரு. ஜி.டி. நாயுடு அவர்கள், அவர்களது முன்னேற்றத் திற்காக ஐம்பதாயிரம் ரூபாயை அன்பளிப்பா-கக் கொடுத்தார்.

காவல் துறைக்காக இப்போதுதான் தமிழ்நாடு அரசு அக்-கறை காட்டி வருவதைப் பார்க்கின்றோம். ஆளும் கட்சி-யைச் சேர்ந்தவர்கள் நலனுக்காக, காவல்துறைக்கு உதவி செய்வதாக மக்கள் இன்று பேசுகிறார்கள்.

ஆனால் நாயுடு அவர்கள், காவல் துறையிலே இருந்து எந்தவிதப் பிரதி உதவிகளையும் எதிர்பாராமல்; 1945-ஆம் ஆண்டின் போதே, காவலர்களின் குழந்தைகள் வளர்ச்சிக்-காக ஐம்பதாயிரம் ரூபாயை நன்கொடையாக வழங்கினார்.

அந்தக் காலத்தில் இலட்சம் ரூபாய் என்றால் ஐம்பதா-யிரம் ரூபாய் என்றால், பத்து இலட்சம் ரூபாய் என்றால், அதன் இக்கால மதிப்பும் – மரியாதையும், எவ்வளவாக இருக்கும் என்று எண்ணிப் பார்ப்போருக்குத்தான் அவற்றின் அருமைகளை, அறிய முடியும்.

சென்னை மாகாணக் கவர்னராக இருந்த சர்.ஹார்தர் ஹோப் அவர்கள், ஜி.டி. நாயுடு அவர்கள் மேற்கண்டவாறு இலட்சோப இலட்சம் ரூபாய்களை வாரி வாரி வழங்கு-வதைக் கண்டு, ஜி.டி. நாயுடுவை இந்தியாவின் நப்பீல்டு (Lord Nufffield) என்று புகழ்ந்து பாராட்டினார்.

திரு. ஹார்தர் ஹோப், திரு. நாயுடுவை ஏன் அவ்வாறு புகழ்ந்தார் தெரியுமா? இங்கிலாந்து நாட்டில் நப்பீல்டு பிரபு என்ற ஒரு செல்வச் சீமான் இருந்தாராம். அவர் தனது வருமானத்தின் பெரும் பகுதிப் பணத்தைக் கல்விக்கும், சமு-

தாய நன்மைகட்கும் நன்கொடைகளாக வாரி வாரி வழங்கிய வள்ளலாக வாழ்ந்தாராம்.

தமிழ்நாட்டில், கோவை மா நகரில் ஜி.டி. நாயுடு என்ற பெருமகனும், நப்பீல்டைப் போல வாரி வாரி வழங்குகின்றாராம். அதனால், அந்தக் கவர்னர் பெருமகன் தனது நாட்டு வள்ளல் பெயரைக் குறிப்பிட்டு நாயுடுவை வாய் மணக்க வாழ்த்திப் புகழ்ந்தார். அதை யெல்லாம் தமிழன் அன்று நினைத்துப் பார்த்தானா? ஏன் இன்றுதான் எண்ணி மகிழ்ந்து மரியாதை காட்டி வாழ்த்துகிறானா? ஆனால் பேசுவது என்னமோ தமிழ் - தமிழன் என்ற சுயநலப் பிரச்சாரம் தான்!

திரு. நாயுடு அவர்கள் தனது அழியாத அறப் பெருமைகள் வாயிலாகவும், விந்தைகள் பல புரிந்த விஞ்ஞானம் மூலமாகவும், கல்விப் புரட்சிகளாலும் நிலையான ஒரு புகழ் இடத்தை ஜி.டி. நாயுடு பெற்று வந்தார்.

ஏப்ரல் பூல் விளையாட்டு! - கோவை நகர் சென்றவர்களுக்குத் தெரியும். இன்றும் கோவையில் ஆர்.எஸ். புரம். (R.S. Puram) என்ற ஒரு பகுதி நகரம் இருப்பதைப் பார்த்திருப்பார்கள். அந்த நகரின் முழு பெயர் இரத்தின சபாபதி புரம் என்பதாகும். அந்த திவான் பகதூர் இரத்தின சபாபதி முதலியார் என்பவர் கோவை நகரின் புகழ் பெற்றவர்களிலே ஒருவர். அவர் நமது நாயுடுவுக்கு மிக நெருங்கிய நண்பராவார்.

ஒரு நாள் நாயுடு அவர்கள் இரத்தின சபாபதி முதலியார் தேநீர் விருந்துக்கு அழைப்பது போல, கோவை நகரத்திலே உள்ள எல்லா முக்கிய பிரமுகர்கள் அனைவருக்கும் அழைப்பு அனுப்பி விட்டார்.

அழைப்பில் குறிப்பிட்ட நாளன்று - நகரப் பிரமுகர்கள் எல்லாரும் முதலியார் வீட்டிற்குத் திரண்டு வந்து கூடி அமர்ந்திருக் கிறார்கள். முதலியார் வீடு தியான வீடு போல மௌனமாகக் காட்சி தந்தது. ஆனால், அவர்களில் யாருக்கும் ஒன்றும் புரியவில்லை. வெளியே சென்றிருந்த திரு. முதலியார் தனது வீட்டுக்குள் நுழைந்தார்: ஒரே பிரமுகர்கள் கூட்டமாக இருந்தது. அவருக்கும் ஒன்றுமே புரியாத குழப்ப-

மாக இருந்தது. அந்தப் பிரமுகர்கள் கூட்டத்தில் ஜி.டி.நாயு-
டுவும் அமர்ந்திருந்தார் – ஒன்றும் அறியாதவரைப் போல!

திரு. முதலியார், திரு. நாயுடுவை அழைத்து: "என்ன
இது ஒரே கூட்டம்!" என்று விசாரித்தார். உடனே நாயுடு
அவர்கள், காலண்டரைச் சுட்டிக் காட்டினார். அதில் 'ஏப்ரல்
1' என்று அச்சிடப்பட்டிருந்தது. அப்போதுதான் திரு. முதலி-
யாருக்கும் உண்மை புரிந்தது. பலருக்கும் நடுவில் தன்னை
திரு. நாயுடு ஏப்ரல் முட்டாளாக ஆக்கிவிட்டாரே என்-
பதைப் புரிந்து கொண்டார் திரு. முதலியார். ஆனால்,
அழைப்பை ஏற்று வந்தவர்களை எல்லாம் திரு. நாயுடு
தனது இல்லத்திற்கு அழைத்துக் கொண்டு போய் அறுசு-
வையான விருந்தளித்து அனுப்பினார்.

ஆனால், முதலியார் திரு. நாயுடுவைத் தனியாக
அழைத்து, 'என்ன நாயுடு உனது பழைய சிறுவயதுக் குறும்-
பும், விளையாட்டும் இன்னும் உன்னை விட்டுப் போகவில்-
லையே' என்று கட்டித் தழுவிக் கொண்டு இருவரும் சிரித்-
ததைப் பார்த்து – விருந்துண்டவர்களும் கலந்து கொண்டு
சிரித்து மகிழ்ந்தார்கள்.

இந்த வயதிலும் கூட, இவ்வளவு தகுதிகள் உயர்ந்த
பிறகும் கூட, தீராத விளையாட்டுப் பிள்ளையாகவே திரு.
நாயுடு திகழ்ந்தார் என்பதற்கு இது ஒர் எடுத்துக் காட்டல்-
லவா?

600 மணி நேரம் – பார்க்கும் போட்டோக்கள் – திரு.
நாயுடு அவர்கள் போகும் இடங்களுக்கெல்லாம் கேமிரா
என்ற புகைப் படக் கருவிகள் இல்லாமல் போக மாட்டார்.
அப்படிச் சென்றதால்தான் ஐந்தாம் ஜார்ஜ் மன்னரின் இறுதி
ஊர்வலத்தையும், எட்வர்டு மன்னரது பொருட்காட்சி சம்ப-
வங்களையும் அவரால் இலண்டன் நகரிலே படமாக எடுக்க
முடிந்தது.

புகைப்படம் எடுக்கும் கலையில் திரு. ஜி.டி. நாயுடு மிக-
வும் வல்லவர். வெளிநாடுகளில் பல இடங்களில் அவர்
சலனப் படங்களை எடுத்திருக்கிறார். அவற்றுள் முக்கியமா-
னது கல்வி சம்பந்தமான படமாகும்.

ஏறக் குறைய அவை பற்றிய நிகழ்ச்சிகளைப் பல லட்சக் கணக்கான அடிகள் படம் பிடித்துள்ளார். அந்தத் திரைப்படச் சுருள்களை 600 மணி நேரம் ஓட்டிப் படமாகப் பார்க்கலாம் என்றால், அதற்காக அவர் உழைத்த உழைப்புகள், செலவுத் தொகைகள் என்ன சாமான்யமானவையா?

திறமை வாய்ந்த ஒரு விஞ்ஞானியாக நாயுடு அவர்கள் திகழ்ந்ததால்தான், எல்லாவிதமான உலக நிகழ்ச்சிகளையும் அவரால் படமாகப் பதிவு செய்து வைக்க முடிந்தது.

திரு. நாயுடு அவர்கள் எடுத்தப் புகைப் படங்கள் ஒவ்வொன்றும் ஒவ்வொரு சம்பவத்தையும் கோர்வையாகக் கூறுவதற்குரிய எண்ணத்தில் எடுக்கப்பட்ட புகைப் படங்களாக உள்ளன.

உலகம் சுற்றும் நாயுடுவாக அவர் பல தடவைகள் சென்ற நேரங்களில், பல நாட்டின் முக்கிய தலைவர்களை எல்லாம் படம் பிடித்துள்ளார். குறிப்பாக, பண்டித ஜவகர்லால் நேருவையும் - அவரது துணைவியார் கமலா நேருவையும் சுவிட்சர்லாந்து நாட்டில் படமெடுத்துள்ளார்.

ஜெர்மனி சென்றிருந்த திரு. நாயுடு அவர்கள், அங்கே இட்லர், முசோலினி, கோயபல்ஸ், சுபாஷ் சந்திர போஸ், எட்டாம் எட்வர்டு மன்னர் போன்ற மேலும் பல முக்கியத் தலைவர்களை எல்லாம் புகைப்படம் எடுத்துள்ளார்.

உலகத்தைப் பல தடவை வலம் வந்த மேதை நாயுடு அவர்கள், மகாத்மா காந்தியடிகளைப் போல எளிமையான ஆடைகளிலேயே காட்சி அளித்தாரே ஒழிய, பணம்-பத்தெட்டும் செய்யும் என்ற பகட்டும், படாடோபமுமான காட்சிகளைத் தனது வாழ்க்கையில் உருவாக்கிக் கொண்ட வரல்லர்.

ஒரு நான்கு முழம் வேட்டி, ஓர் அரைக் கை சட்டை, சில நேரங்களில் முகம் துடைக்கும் தோள் துண்டு ஆகியவற்றைத் தான் அவர் அணிந்து கொள்வார். அவரை பணக்காரர், செல்வச் சீமான், கொடை வள்ளல், கோமான், கோவை கோடீஸ்வரன் என்றெல்லாம் கூறிக் கொண்டவர்கள் எதிரிலே-திரு. நாயுடு காட்சிக்கு எளியராகவே வாழ்ந்து

காட்டினார்.

திரு ஜி.டி.நாயுடு வாழ்க்கைத் துணை நலம் பெயர் செல்லம்மாள் துரைசாமி நாயுடு. அவர் கிருஷ்ணம்மாள், சரோஜினி என்ற இரு மாதரசிகளின் மாதாவாக வாழ்ந்தவர்.

மற்றொரு மனைவியாரை நாயுடு மணந்து கொண்டார். அந்த இல்லத்தரசி ஈன்றெடுத்த ஒரே மகனுக்குத் தனது தந்தையார் நினைவாகக் கோபால்சாமி என்ற பெயரையே சூட்டி மகிழ்ந்தார்.

தனது மகள் சரோஜினி திருமணத்தை 1944-ஆம் ஆண்டில் சென்னை ஆளுநர் சர். ஹார்தர் ஹோப் தலைமையில், மிகவும் சிக்கனமாக மோதிரமும் - மாலையும் மாற்றித் திருமணம் செய்து வைத்து தேநீர் விருந்தும் கொடுத்தார் ஜி.டி.நாயுடு.

அவர் நடத்திய அந்தத் திருமணத்தில் புரோகிதம் இல்லை என்பதுடன், மிகச் சிக்கனமானத் திருமணத்தை நடத்தி, மற்றவர்களும் திருமணத்துக்காக இலட்சக் கணக்கில்,பணம் செலவு செய்வதைத் தடுக்கும் அளவுக்கு ஒரு வழி காட்டியாக நடந்தார்.

தொழிலியல் வளர்ச்சிகளை மக்கள் அறிந்து அறிவு பெறவேண்டும் என்ற ஆவலில், 1949-ஆம் ஆண்டில் கோவை மாநகரில் ஒரு தொழிலியல் கண்காட்சியை, பல இலட்சம் மக்கள் திரண்டு வந்து தொழிலறிவு பெறுவதற்கான வகையில் ஜி.டி.நாயுடு நடத்திக் காட்டினார்!

இதைவிடச் சிறப்பு என்ன வென்றால், ஜி.டி.நாயுடு அவர்கள் உருவாக்கியுள்ள 'கோபால் பாக்' என்ற கட்டடமே ஓர் அழகான அருங்காட்சியகமாக இன்றும் இயங்கிக் கொண்டிருப்பதைக் கோவை மாநகர் செல்லும் பொது மக்கள் காணலாம்.

அந்தக் கட்டடத்தின் எல்லா பகுதிகளும் பூமிக்கு அடியில் மின்சாரக் கம்பிகளின் மூலம் இணைக்கப்பட்டுள்ளன. ஓரிடத்திலிருந்து வேறோர் இடத்தில் இருப்போருடன் மின்சாரக் கருவி மூலமே தொடர்பு கொள்ளலாம்.

கட்டிடத்தின் மையப் பகுதியில் உள்ள நடு மண்டபம் 370 அடி நீளமும், 75 அடி அகலமும் கொண்ட பகுதி-யாகும். அங்கு எந்த வித எதிரொலியும் கேட்காது. காற்-றோட்டம் சுகமாக வந்து கொண்டே இருக்கும். வெளிச்சம் வெள்ளொளியாக எதிரொலிக்கும். காலையானாலும் சரி, மாலையானாலும் சரி, எந்த நேரமும் நமது நிழலே அங்கு விழாது.

அந்தக் கட்டடத்திற்குள் வானவூர்தி, ரோல்சுராய்ஸ் மோட்டார்கார் போன்ற விலையுயர்ந்த கார்களின் கருவிகள் எல்லாம் பாதுகாத்து வைக்கப்பட்டிருந்தன.

அவற்றின் இடையே உள்ள சிறு பொம்மை மோட்டார் கார், பார்ப்பவர்கள் உள்ளத்தைக் கவர்ந்திழுக்கும் காட்சிப் பொருளாக இருக்கிறது.

கோபால் பாக் உணவுக் கூடம் உள்ளே உள்ள சுவரில் வெந்நீர்-தண்ணீர்க் குழாய்கள் உள்ளன. ஒரு பக்கம் சுவர்-மீது மனிதர்க்கு வேண்டிய சராசரி உணவுப் பொருள்-கள். உணவுச் சத்து பற்றிய விளக்கப் பலகைகள் இருக்-கின்றன.

ஜி.டி.நாயுடு அவர்கள் ஒரு சிறந்த தொழிலியல் துறை விஞ்ஞானியாதலால், அவரிடம் மேற்கு ஜெர்மனி போன்ற வெளிநாட்டு மாணவர்கள் வந்து தொழில் பயிற்சி பெற்றுச் செல்லும் இடமும் அங்கே இருக்கின்றது.

நான்காம் முறை உலகப் பயணம்: இதற்கு முன்பு மூன்று முறைகள் உலகச் சுற்றுப் பயணம் செய்த அனுபவம் உள்-ளவர் நாயுடு. அதனால் அவருக்கு உலகச் சுற்றுப் பயணம் செய்வதென்றால், கோவை மாநகரைச் சுற்றி வருவதைப் போன்ற ஆர்வமும் எண்ணமும் உடையவர். 1950 -ஆம் ஆண்டில் நான்காம் தடவையாக மே மாதம் 7-ஆம் நாளன்று வெளி நாட்டுப் பயணம் புறப்பட்டார்.

இங்கிலாந்து, நார்வே, சுவீடன், டென்மார்க், ஜெர்மனி, சுவிட்சர்லாந்து, அமெரிக்கா போன்ற நாடுகளுக்குச் சென்-றார்.

சுவீடன் நாட்டின் தலைநகரான ஸ்டாக்ஹோம் என்ற இடத்தில் நடந்த உலக விவசாயிகள் மாநாட்டில் கலந்து கொண்டு சிறப்புரை ஆற்றினார்.

அமெரிக்க நாட்டிலே உள்ள கலிபோர்னியா விவசாயப் பண்ணைகளைப் பார்வையிட்டார். அங்கு நடைபெறும் விவசாயப் பயிர்களின் முன்னேற்றங்களை உணர்ந்தார்.

நான்காவது முறையாக 1950-ஆம் ஆண்டில் மட்டு-மன்று, ஐந்தாவது முறையாக 1958-ஆம் ஆண்டிலும் 1959-ஆம் ஆண்டில் ஆறாவது முறையாகவும், 1961-ஆம் ஆண்டில் ஏழாம் முறையாகவும் உலகம் சுற்றும் வாலிபனாக ஜி.டி. நாயுடு திகழ்ந்தார்.

மேதினியை நாயுடு வலம் வந்தது, தமிழ்க் கடவுளான முருகப் பெருமானைப் போல ஒரு மாம்பழத்திற்காக அன்று:அல்லது தற்கால மக்களாட்சியின் சட்டமன்றம், நாடாளு மன்றங்களின் மக்கள் பிரதிநிதியாக, மத்திய அரசு மாநில அரசுகளின் செலவுத் தொகையில் உலகம் சுற்றியவர் அல்லர். தனது சொந்தப் பணத்தில் தந்தை பெரியார் அயல் நாட்டுப் பயணம் சென்று வந்ததைப் போல, கோவை கொடை வள்ளலான ஜி.டி.நாயுடு அவர்கள். தொழிலியல் துறையில் விஞ்ஞானியாகும் ஆர்வத்தால், அறிவியல் உலகம் சுற்றும் வாலிபனாக அவர் வலம் வந்தார் என்றால், இது என்ன வேடிக்கை ஊர்வலம் பவனியா?

ஜெர்மனி நாட்டின் பெர்லின் நகரிலே ஜி.டி.நாயுடு ஒரு தடவை தங்கியிருந்த போது, ஒரு விருந்து நடத்தினார். அப்போது நமது தமிழ் நாட்டின் சிற்றுண்டி வகைகளில் ஒன்றான "உப்புமா'வைச் செய்து விருந்துக்கு பரிமாறினார்!

உப்புமாவை இரசித்து உருசியோடு சுவைத்து உண்ட வெள்ளையரின் பெண்மணிகளுக்கு, உப்புமாவை எப்படிச் செய்வது என்பதையும் கற்றுக் கொடுத்தார் ஜி.டி.நாயுடு. தமிழ்நாட்டு உணவுக்குரிய சுவைக்குப் பெருமை தேடித் தந்-தது மட்டுமன்று, தமிழர் தம் அறுசுவை உண்டிக்கும் புகழை உருவாக்கியவர் திரு.நாயுடு.

திரு. ஜி.டி.நாயுடு வெளிநாடு போவதும் - வருவதும் ஒரு கர்ப்பிணியின் பிரசவம் போல, அவர் எப்போது வெளிநாடு போவார் - எப்போது வருவார் என்பது எப்போது மழை வரும், எப்போது குழந்தை பிறக்கும் என்பதைப் போன்றதே! எவருக்கும் முன் கூட்டியே தெரியாது.

திரு. ஜி.டி.நாயுடு அவர்கள், தனது சொந்தப் பணத்தில் உலகத்தைப் பல தடவைகள் சுற்றிச் சுற்றி, தாம் கண்ட அறிவில் அறிவை வெளிப்படுத்தியும். அவர் பார்த்து மகிழ்ந்த விஞ்ஞான விந்தைகளை, கண்டு பிடித்து உலகுக்கு அளித்த புதிய புதியக் கண்டு பிடிப்புக் கருவிகளை, அப்போதைய மத்திய அரசும், மாநில அரசும் சரிவரப் பயன்படுத்திக் கொள்ளாததைக் கண்டு அவர் மனம் வேதனை எரிமலை ஆனது!

நாயுடு பெருமகனார் கண்டு பிடித்த விஞ்ஞானக் கருவிகளை உற்பத்தி செய்திட - இந்திய அரசும் சரி, மாநில அரசும் சரி, அனுமதி கூட அளிக்காததைக் கண்டு அவருடைய மனம் பூகம்பமானது:

எனவே, திரு.ஜி.டி.நாயுடு தனது, எண்ண எரிமலை வெடிப்பையும், மன பூகம்பத்தின் வெறுப்புக்களையும் இந்திய மக்களுக்கு அறிவிக்க விரும்பி, சென்னையில் ஒரு பெரிய தொழிலியல் துறைக் கண்காட்சியை எஸ்.ஐ.ஏ.ஏ.திடல் என்று நினைக்கிறேன். அங்கே, மக்கள் பார்வைக்காக நடத்திக் காட்டினார்:

அந்தக் கண் காட்சியைப் பற்றிய விவரங்களை இந்தப் புத்தகத்தின் முதல் அத்தியாயத்திலே படித்தீர்கள். மறுபடியும் நினைவுக்காக, இந்தியாவின் விஞ்ஞானி ஒருவரது மன எரிமலை வேதனைக் குமுறல்களது குழம்புகளின் வெறுப்பு எரிச்சலை உணர்வதற்காக, ஒரு தமிழனின் விஞ்ஞான விந்தைகளைப் பயன்படுத்திக் கொள்ள விரும்பாத தமிழ் ஆட்சியின் தமிழர்களது மன அழுக்காறுகளைப் புரிந்து கொள்வதற்காக,அவருடைய மனம் பாதித்த பூகம்ப பாதிப்பு வெடிப்புக்களை, அதாவது, "ஆக்கம் அழிவுக்கே" என்ற அவருடைய மனப் புயலை உணர்வதற்கு மீண்டும் ஒரு

முறை வாசகர்களைப் படிக்குமாறு கேட்டுக் கொள்கிறோம்!
அவ்வளவுதான்!

அதற்குமேல் எதையும் எழுத, நம்முடைய தமிழ்நெஞ்சம்
விரும்பவில்லை என்பதால், தமிழ் இன உணர்வே. இனி-
யாகிலும், 'தமிழன் என்று சொல்லடா தலை நிமிர்ந்து நில்-
லடா!' என்ற நாமக்கல் கவிஞரின் தமிழ் இன உணர்வுப்
பற்றை, தன்மானத்தை, தலை நிமிர வைப்பாயா? என்று
கண்ணிரைக் காணிக்கையாக்கி; கெஞ்சுகிறது– தமிழ் ஆட்-
சிகளை!

16. கதர் சிறந்ததா? மில் துணி சிறந்ததா? தந்தை பெரியார் - நாயுடு போட்டி!

ஒரு முறை தந்தை பெரியாரும், பிற்காலத்தில் நாவலர்
நெடுஞ்செழியன் என்று தமிழ் மக்களால் அழைக்கப்பட்ட
இரா. நெடுஞ்செழியனும், கோவை இரயில் நிலையத்தில்
சென்னை மாநகர் போகும் இரயில் நிற்கும் நடை மேடை–
யில், அதாவது பிளாட் பாரத்தில் நின்று ஏதோ பேசிக்
கொண்டிருந்தார்கள்.

இரா. நெடுஞ்செழியன் தந்தை பெரியாரிடம் நெருக்கமா-
கப் பணியாற்றிக் கொண்டிருந்த நேரம் அது. அதற்குப் பிற-
குதான் இரா. நெடுஞ்செழியன் இளம் தாடியை வைத்துக்
கொண்டு, இளம் தாடி பெரியார் என்று மக்கள் அவரை
அழைக்கும் வகையில் தோற்றமளித்தார். தனது நா வன்-
மையை தமிழர் மத்தியில் நிலை நாட்டிடும் சொற்பொழிவா-
ளர் ஆனார்.

'நா' வன்மை உடைய நெடுஞ்ழியன் உரைகள், கோடை
இடி போல் திராடர் இயக்கத்தின் சுயமரியாதைக்குரிய தன்-
மான உணர்வுகளை மழையாகப் பொழிந்தார். அதனால்,
அவரைத் திராவிட இயக்கக் கண்மணிகள் நாவலர் நெடுஞ்-
செழியன் என்று மதித்து மகிழ்ந்தார்கள்.

அந்த நெடுஞ்செழியனும் – தந்தை பெரியாரும் தான்
சென்னை வருவதற்காக, கோவை இரயில் நிலைய நடை

மேடையில் பேசிக் கொண்டிருந்தார்கள். அப்போது, கோவை தொழிலியல் விஞ்ஞானி என மக்களால் போற்றப்பட்ட திரு. நாயுடு அவர்கள், சென்னைக்குப் போவதற்காக, அதே இரயில் வண்டியின் குறிப்பிட்ட நேரத்திற்குள் நடை மேடைக்கு வந்தார்.

தந்தை பெரியாரும் - இரா. நெடுஞ்செழியனும் அந்த நடை மேடையில் பேசிக் கொண்டிருப்பதைப் பார்த்த ஜி.டி. நாயுடு அவர்கள், "நீங்கள் எங்கே போகிறீர்கள்? என்று தந்தை பெரியாரைக் கேட்டார்.

அதற்கு பெரியார் அவர்கள், சென்னைக்குப் போகிறோம், என்றதும், ’எந்த வகுப்புக்கு டிக்கெட் வாங்கி இருக்கிறீர்கள்? என்று நாயுடு கேட்டார்.

‘நாங்கள் மூன்றாம் வகுப்பில் பயணம் செய்யப் போகி-றோம்’, என்று பெரியார் கூறியதும், "நான் முதல் வகுப்பில் போகிறேன். நீங்களும் முதல் வகுப்பில் வாருங்கள் போவோம்‘ என்று கூறி விட்டு, இரண்டு பேர்களுக்கும் உரிய முதல் வகுப்புப் பயணச் சீட்டுக்குரிய கட்டணத்தைச் செலுத்தி, இரண்டு முதல் வகுப்பு டிக்கட்டுக்களை நாயுடு அவர்கள் சென்று வாங்கி வந்து தந்தை பெரியாரிடம் கொடுத்து விட்டு, அவருக்காக ரிசர்வ் செய்து வைத்திருந்த முதல் வகுப்புப் பெட்டியில் நாயுடு ஏறி உட்கார்ந்து கொண்-டார்.

உடனே தந்தை பொரியார் அவசரம் அவசரமாக நெடுஞ் செழியன் அவர்களிடம் அந்த இரண்டு டிக்கெட்டுகளைக் கொடுத்து, இரண்டு முதல் வகுப்பு டிக்கட்டுகளையும் வேண்-டாம் என்று ரத்து செய்து விட்டு, மூன்றாம் வகுப்பு டிக்-கட்டுகள் இரண்டை வாங்கிக் கொண்டு, மீதி பணத்தையும் பெற்றுக் கொண்டு ஓடி வரும்படி கூறி விட்டு, தந்தை பெரி-யார் மூன்றாம் வகுப்புப் பெட்டியில் ஏறி உட்கார்ந்து விட்-டார்.

அதற்குள் வேகமாய் ஓடிய நெடுஞ்செழியன் டிக்கெட்டு களையும், மீதி பணத்தையும் வாங்கிக் கொண்டு, ஓடி வந்து அய்யாவுடன் ஏறி உட்கார்ந்து கொண்டார்.

கோவை விரைவு இரயில் வண்டி சென்னை செண்ட்ரல் ரயில் நிலையம் வந்து நின்றதும். ஜி.டி. நாயுடு அவர்கள் பெரியார் ஏறிய முதல் வகுப்பு பெட்டித் தொடர் வண்டி நிற்-கும் இடத்திற்கு வந்து காத்துக் கொண்டிருந்தார்.

இவர்கள் இருவரும் மூன்றாம் வகுப்புப் பெட்டியிலே இருந்து இறங்குவதைக் கண்ட ஜி.டி. நாயுடு, 'ஏன் இப்படிச் செய்தீர்கள்?' என்று செல்லக் கோபமாய் பெரியாரைக் கேட்-டார்.

அதற்குப் பெரியார், எனக்கெதற்கு முதல் வகுப்புப் பெட்டி? மூன்றாம் வகுப்பில் ஏறி வந்த பணம் போக; மீதி காசு கட்சித் தொண்டுக்குப் பயன்படாதா? என்ற அக்கரை-தான் - என்ற காரணத்தைக் கூறி, பெரியார் அன்று நாயு-டுவிடம் இருந்து தப்பித்துக் கொண்டார்.

1924-ஆம் ஆண்டில் தந்தை பெரியார் கோவை மாந-கரில், ஒய்.எம்.சி.ஏ. சார்பாக நடைபெறும் கண்காட்சியைத் திறந்து வைப்பதற்காக கோவை நகர் வந்தார்.

அந்த நேரம், தீபாவளி பண்டிகை கொண்டாட இருக்-கின்ற நெருக்கடியான நேரம், தீபாவளி விழா வந்தால் ஜி.டி. நாயுடு அவர்கள், கண்ணம்பாளையம் மல் வேட்டிகளைத் தான் வாங்குவது வழக்கம். அந்த வேட்டி கோயம்புத்தூர் மக்கள் இடையே அவ்வளவு புகழ் பெற்றதாக அப்போது விளங்கி இருந்ததால், அந்த ஊர் மில் வேட்டிகள் தானா என்று மக்கள் பார்த்து வாங்குவார்கள்.

தந்தை பெரியார் அப்போது இந்தியத் தேசியக் காங்கிரஸ் கட்சியின் தமிழ்நாடு காங்கிரஸ் பேரவைத் தலைவராக இருந்தார். அவர் கதர் துணிகளை, அதுவும் கைராட்டை-யில் நூற்ற நூல்களைக் கொண்டு நெய்யப்பட்ட கதரா-டைகளைத்தான் அணிவார். காங்கிரஸ்காரர்கள் எல்லாருமே அத்தகைய கதர் துணிகளை அணிவதையே கொள்கையா-கக் கொண்டிருந்தார்கள்.

தீபாவளி நேரமல்லவா? தந்தை பெரியார் கோவை நகர் கண் காட்சியைத் திறந்து வைக்கவும், விழா முடிந்ததும் தீபாவளி விழாவுக் கான கதராடைகளை, வேட்டிகளை

வாங்கவும் எண்ணினார்.

தொழிலதிபர் ஜி.டி. நாயுடுவும் - தந்தை பெரியாரும் சந்-தித்து பேசிக் கொண்டிருந்த நேரத்தில், இருவருக்கும் பேச்-சுவாக்கில் ஒரு போட்டி எழுந்தது. அதாவது, மில் வேட்டி சிறந்ததா? கதர் சிறந்ததா? என்பதைப் பற்றி நாம் விவாதம் செய்ய வேண்டும் என்று திரு. ஜி.டி. நாயுடு பெரியாரைக் கேட்டுக் கொண்டார்.

'என்ன நாயுடு பந்தயம்?' என்றார் பெரியார் நாயுடுவிடம். அதற்கு நாயுடு, ' நான் உமது வாதத்தில் தோற்றால், கதர் கட்டிக் கொள்கிறேன். நீங்கள் தோற்றுவிட்டால் ஒன்பது முழம் மில் வேட்டியைக் கட்டிக் கொண்டு வந்து, கண்-காட்சிச் சாலையைத் திறந்து வைக்க வேண்டும். சம்மதமா?' என்றார்.

இருவரின் வாதம் நீண்ட நேரம் நடந்தது? இரத்தின சபா-பதி முதலியார் இந்த விவாதத்தைக் கவனித்து வந்தார். வாதம் அனலானது! இறுதியில் தந்தை பெரியார் அவர்-களே, தான் தோற்றுவிட்டதை பலர் முன்னிலையில் ஒப்புக் கொண்டார்.

திரு. நாயுடு அவர்கள் எடுத்துக் கொடுத்த மில் வேட்டி-யைத் தந்தை பெரியார் கட்டிக் கொண்டு நாயுடுவுடன் கண்-காட்சி சாலையைத் திறந்து வைக்கச் சென்றார்.

கண் காட்சிக்குள்ளே பெரியார் காலடி வைத்ததும், 'இந்த வாதப் போட்டியில் வெற்றி எனக்குத்தான்' என்று தந்தை பெரியார் பெருமையோடும், பெருமிதத்தோடும் கூறியதைக் கேட்ட ஜி.டி. நாயுடு அவர்கள் அதிர்ச்சி அடைந்து, "அது எப்படி?" என்று கேட்டார்.

"எனக்கு இனாமாக மல் வேட்டி கிடைத்தது அல்லவா?" என்று தந்தை பெரியார் மகிழ்ச்சிப் பொங்கக் கூறினார்! அவர் சொல்லியதைச் சிரித்துக் கொண்டே கேட்டுக் கொண்டிருந்த விஞ்ஞான மேதை ஜி.டி. நாயுடு அவர்கள், "இருந்தாலும் பெரியார் பெரியார்தான்" என்றார்:

தான் தோற்றுப் போனதைப் பற்றியோ, காங்கிரஸ் கட்சி-யின் இலட்சியமான 'கதராடை அணிதல்' என்ற கொள்கை தோற்றுவிட்டதே என்ற கவலை ஏதும் படாமல், இனாமாக வேட்டி கிடைத்ததைப் பற்றிப் பெருமையாகப் பேசினர் பெரி-யார்!

அந்தப் பெரியார்தான், பின்னாளில் காங்கிரஸ் இயக்-கத்தை வீழ்த்திட, காங்கிரஸ் கட்சியை விட்டே வெளியே-றினார்: கதர் துணிகளை அணிவதையும், அவர் கைவிட்டு விட்டார். கருப்புச் சட்டையோடே இறுதியில் காலம் ஆனார்! இதுவும் ஒரு தீர்க்க தரிசனமான அரசியல்தானே!

17. தொழிலியல் விஞ்ஞானி - ஜி.டி. நாயுடு மறைந்தார்!

தொழிலியல் துறையில் பற்பல அறிவியல் புதுமைகளை, விஞ்ஞானக் கருவிகளைக் கண்டுபிடித்து, அறிவியல் உலகுக்கு கொடையாகக் கொடுத்துப் புகழ் பெற்ற அறிவியல் வித்தகரான கோவை ஜி.டி. நாயுடு அவர்களை, உலக விஞ்ஞானிகள் எல்லாம் வியந்து பாராட்டிப் பெருமையோடு போற்றினார்கள். அவர்களுள் ஒருவர் நோபல் பரிசு பெற்ற அறிவியல் மேதை சர்.சி.வி. இராமன் ஆவார். அவர் என்ன பாராட்டுகிறாள் என்பதையும் கேட்போமே......!

சர்.சி.வி. இராமன் பாராட்டுரைகள்! - தமிழ் நாட்டில் பிறந்த கோவை ஜி.டி. நாயுடு அவர்களின் பல்துறை அறிவை, உலகத்திலுள்ள அறிவியல் அறிஞர்கள் என்னி-டமே பாராட்டியும், புகழ்ந்தும் கூறி இருக்கிறார்கள்.

விஞ்ஞானக் கண்டுபிடிப்புத் துறையில் குறிப்பிடத்தக்க மனிதரான திரு. ஜி.டி. நாயுடுவைப் பற்றியும் அவருடைய அருமையான பண்புகளைக் குறித்தும், அவரது அற்புதமான அறிவியல் கண்டுபிடிப்புக் கருவிகளைப் பாராட்டியும் எழு-தும் திறமை எனது எழுதுகோலுக்கு இல்லை என்று நம்பு-கிறேன்.

போத்தனூர் நகரம் அருகே உள்ள நாயுடுவினுடைய விவசாயப் பண்ணையை நான் பார்த்தேன். அங்கே அவர் எண்ணற்ற அற்புதங்களைச் செய்திருப்பதையும் கண்டேன்.

ஜி.டி. நாயுடு சிறந்த ஒரு கல்விமான், பொறியியல் மேதை; தொழில் நுட்ப வல்லுநர்; அதே நேரத்தில் அவர் ஓர் அன்பான மனித நேயம் உடையவர், அப்படிப்பட்ட அவர், இந்திய மக்களின் வறுமைக் கண்ணிரைத் துடைத்திட அரும்பாடு பட்டுள்ளார். சுருக்கமாச் சொல்வதானால் நாயுடு அவர்கள், ஆயிரத்துள் ஒருவரல்லர், பத்து இலட்சத்துள் ஓர் அரிய மனிதர்!

நான் கூறுவதுகூட, அவரது திறமைக்கு பொருத்தமான, புகழுக்கு ஈடான கூற்றும் ஆகாது என்று 09.04.1950 - அன்று ஜி.டி. நாயுடுவைப் பற்றி பேசியுள்ளார்.

அதே சர்.சி.வி. இராமன் அவர்கள் வேறோர் நிகழ்ச்சியில் நாயுடுவுக்குப் புகழாரம் சூட்டும்போது :

'ஜி.டி. நாயுடு ஓர் அதிசயமான மனிதர். அவர் பள்ளிக்குச் சென்று, கல்வி கற்றவரல்லர். ஆனால், நாமெல்லாம் வியக்கத் தக்க அளவுக்கு அவரிடம் சாதனை அறிவு நிறைந்திருக்கின்றது.

எல்லாத் தொழில் நுட்பங்களையும் அவர் அறிந்திருக்கிறார். நான் அவருடைய கல்லூரி உணவு விடுதிக்கும் சென்று பார்த்தேன். அப்போது மாணவர்களில் ஒருவர் என்னிடம், "எப்படி ஐயா நீங்கள் வைரத்தில் துளை போடுகிறீர்கள்?" என்று கேட்டார்.

"அதைச் சரியாக அறிவிக்க எனக்கு நினைவு வரவில்லை. உடனே நாயுடு அவர்கள் அந்த முறையைப் பற்றி மாணவர்களுக்கு விளக்கிக் கூறினார். அதை நான் கேட்டதும் அயர்ந்து போனேன்".

"கோவை மக்கள் இப்படிப்பட்ட ஒரு மனிதரைத் தம்மிடையே பெற்றிருக்கப் பெரும் பேறு பெற்றிருக்க வேண்டும். நாயுடு அவர்கள் சிறந்த அறிஞர் மட்டுமல்லர் அமெரிக்கர்கள் கடைப்பிடிக்கும் "அறிவது எப்படி?" How to Know என்ற கொள்கையையும் உடையவர்".

ஏதாவது ஒரு பொருளை அவர் பார்த்துவிட்டால், அதைத் தெளிவாகத் தெரிந்து கொள்ளும் அற்புத சுபாவம் உடையவர். நம் நாட்டு மக்கள் ஒரு வேலையை எப்படிச் செய்வது என்பதைப் பற்றி விளக்கமாகச் சொற்பொழிவு ஆற்றுவர். ஜி.டி. நாயுடு அதற்கு விதி விலக்கானவர்.

"நாயுடுவிடம் எடுத்த காரியத்தை தொடுத்து முடிப்பதற்கு ஏற்ற மன உறுதி, ஊக்கம், விட முயற்சி, அறிவது எப்படி? என்ற குறிக்கோள் அனைத்தும் அமைந்திருக்கின்றன".

இவருக்குப் பண்டைய சம்பிரதாயங்களில், பழக்க வழக்க நம்பிக்கைகளில், தற்காலத்தின் வாழ்க்கைக்கு எவை பொருத்தமோ, அவற்றை மட்டுமே ஏற்றுக் கொள்ளும் விருப்பமுள்ளவர்.

பௌதீகம், இரசாயனம், பொறியியல், மனையியல் ஆகிய வற்றுக்கான 50 விஞ்ஞானப் பிரிவுகளைப் பற்றிய கருத்தை திரைப்படம் மூலமாக எனக்கு ஜி.டி. நாயுடு தமிழில் கற்பித்தார்.

திரு. நாயுடு அவர்கள் நமது நாட்டு மக்களின் திறமைகளை நடைமுறையில் காட்டுவதில் வல்லவராகத் திகழ்கின்றார். அதனால் இவர் அதிசய மனிதராகவும் காட்சி தருகின்றார். எதிர்காலம் எப்படி அமையும் என்பதை அறிவதிலே அவர் திறமையுள்ளவராகவும் உள்ளார். மற்ற மக்களின் உயர்ந்த வாழ்க்கைக்கு நாயுடு நல்லதொரு எடுத்துக் காட்டாகப் பணிபுரிந்து வருகிறார்.

இந்தியாவின் - முதல் நிதியமைச்சர்! - பாரத நாடு சுதந்திரம் பெற்ற பின்பு, இந்தியாவின் முதல் நிதியமைச்சராகப் பொறுப்பேற்ற பொருளாதார மேதை திரு. ஆர்.கே. சண்முகம் செட்டியார் அவர்கள், கோவை மாவட்டத்திலே பிறந்து வளர்ந்த சிறந்த வித்தகர். பண்டித நேரு போன்றவர்களால் பாராட்டப்பட்ட, வியப்புக்குரிய பொருளாதார அறிவுடையவர். அத்தகைய ஒரு மேதை ஜி.டி.நாயுடுவைப் பற்றி என்ன சொல்கிறார் என்று பார்ப்போமே!

"திரு. ஜி.டி. நாயுடு அவர்கள் ஓர் அமைச்சரை வரவேற்று அவருக்கு விருந்துபசாரம் செய்து, அரசாங்-

கத்தை எப்படி நடத்த வேண்டுமென்று விளக்குகிறார்".

"ஒரு தொழில் வல்லுநரை அழைத்துப் பாராட்டி நம் நாட்டுத் தொழில் முறை பற்றிய வருணனைகளைச் செய்கி-றார். ஜி.டி. நாயுடு அன்போடு தனது எண்ணத்தை எடுத்து விளக்கும் வகை, அவரது மிக உயர்ந்த நட்புணர்ச்சியையும், அறிவின் ஆழத்தையும், விடா முயற்சியையும் நமக்கு எடுத்துக் காட்டுகின்றது' என்று அவர் கூறியுள்ளார்.

சர். சி.பி. இராமசாமி ஐயர் கண்டனம்! - 'ஜி.டி. நாயுடு தனக்கே உரிய முறையில் சிந்தித்து செயலாற்றுகி-றார். அவருடைய முறை புதிய முறை அதனால், மக்கள் போற்றுவதற்குரிய பல அரிய வெற்றிகளை அவர் கண்டி-ருக்கின்றார்.

"அவருடைய ஆர்வத்தையும், திறமையையும், தலைமை-யையும், இதுவரை மத்திய - மாநில அரசுகளால் பாராட்-டப்படாதது கண்டனத்திற்குரிய செயலாகும். மக்களது துர-திருஷ்டமே! அவரது தனித்திறமையை நாமும் - நாடும் பெருமளவில் பயன்படுத்தி கொண்டிருக்க வேண்டும்".

தலைமை என்ஜினியர் டாக்டர் பி.என்.டே..! - வங்காள நாட்டின் அரசு தலைமைப் பொறியாளராகப் பணியாற்றுபவர் டாக்டர் பி.என்.டே அவர் கூறுவதைக் கேட்போம்!

"ஜி.டி. நாயுடு ஒரு தனிப் பல்கலைக் கழகம். அவரது நிர்வாக அமைப்பு, கண்காட்சி, விவசாயப் பண்ணை ஆகி-யவை விந்தையானவை. நான் உலகம் முழுவதும் சென்றி-ருக்கிறேன். என்றாலும், இவற்றைப் போன்ற விந்தைகளை நான் வேறு எங்குமே கண்டதில்லை. ஜி.டி. நாயுடுவைப் பார்க்க வருவது ஒரு புனிதமான இடத்துக்கு யாத்திரை போவதற்குச் சமமாகும்.

ஜெர்மன் பத்திரிக்கையாளர் வில்லி ஸ்டுவர் வால்ட் பாராட்டு! - ஜெர்மன் நாட்டிலே இருந்து வெளிவரும் ஸ்டட் கார்ட் செய்துங் பத்திரிக்கையின் நிருபர் வில்லி ஸ்டுவர் வால்ட் என்பவர் ஜி.டி. நாயுடுவைப் பாராட்டி எழுதியதா-வது.

“எனது பத்திரிக்கை வாழ்வின் 25 ஆண்டுக் காலத்தில் நான் சந்தித்த மனிதர்களில் மிகவும் விந்தையானவர் ஜி.டி. நாயுடுதான். அவருடைய கண்கள் காந்த சக்தி படைத்-தவை. அவரோடு தொடர்பு கொள்ளும் ஒவ்வொருவரையும் அவர் கவரக் கூடியவர். எந்தப் பொருளையும் அவர் கூர்-மையாக உற்று நோக்குகிறார். அவரது கண்கள் குறிப்பின்றி அலைவதில்லை. அவர் ஓர் அதிசய மனிதர் ஆவார்.

அமெரிக்கத் தொழிலதிபர் எப். டிரேப்பர் கூறுகிறார்! - அமெரிக்காவின் சிகாகோ நகரிலே உள்ள மின்-தொழில் அதிபரான எப். டிரேப்பர் எழுதுகிறார் :

"திரு. நாயுடு அவர்களே! தாங்கள் சிகாகோ நகருக்கு வருகை தந்ததைப் பெரிதும் மதித்துப் பாராட்டுகிறேன். தங்-களோடு நான் அனுபவித்த சில மணி நேரங்களை என் வாழ்வின் பொன்னான நேரமாக எண்ணி மகிழ்கின்றேன். தங்களிடம் இருந்து எனக்குத் தேவையான அனுபவங்களை நான் ஏராளமாகக் கற்றுக் கொண்டேன். உங்களுடைய வாழ்க்கைப் பாதையை ஒரு குறிப்பிட்ட அளவிற்காவது பின்பற்றக் கூடிய ஆற்றலும், மன உறுதியும் எனக்கு ஏற்ப-டும்” என்று நம்புகிறேன்.

ஒரிசா மாநிலத்தின் - திட்டத் துறை செயலர்! - ஒரிசா மாநிலத்தின் அரசு திட்டத் துறை செயலாளார் கட்டாக் நகரிலே இருந்து நாயுடுவைப் பாராட்டி எழுதும்போது :

"நான் தங்களது கல்வி நிலையங்களைப் பார்வையிட்டு வந்தது முதல், தங்களிடம் மோட்டார், வானொலித் துறை-களில் ஆறு வாரம் பயிற்சி பெறுவதற்குச் சில மாணவர்க-ளைக் கட்டாக் நகரிலே இருந்து அனுப்ப வேண்டும் என்று எங்கள் அரசாங்கத்தை வற்புறுத்தி வந்தேன். அரசு எனது வேண்டுகோளை ஏற்றுக் கொண்டு, மாணவர்கள் சிலருக்கு உதவிச் சம்பளம் வழங்க முன் வந்திருக்கின்றது.

அத்துடன், உங்களால் எத்தனை மாணவர்களுக்கு இந்த ஆண்டில், பயிற்சி தர முடியும் என்பதையும் விசாரிக்கச் சொல்லி இருக்கிறது. ஒவ்வொரு பாடத்திற்கும் மூன்று

மாணவர்கள் வீதம் அனுப்ப வேண்டும் என்பது எங்களது ஆசை. ஆனால், நீங்கள் எத்தனை இடங்கள் ஒதுக்குவீர்-களோ அத்துடன் திருப்தி அடைவோம்.

உங்களிடம் பெறுவதைப் போன்ற ஒரு பயிற்சியை எங்-கள் மாணவர்கள் இந்தியாவில் வேறு எங்குமே பெற முடி-யாது என்பதை நான் அறிவேன். நான் இந்தியாவில் உள்ள பல்வேறு கல்வி நிலையங்களைப் பார்வையிட்டு இருக்கி-றேன். ஆனால், தாங்கள் தரும் பயிற்சியும், பண்பாட்டு உணர்ச்சியும் அலாதியானவை என்பது எனது முடிவான கருத்து! அதனால்தான் எங்கள் மாணவர்களை உங்களிடம் அனுப்புகிறோம். நீங்கள் நிச்சயம் இடம் ஒதுக்கி ஆதரிப்பீர்-கள் என்று எதிர்பார்க்கின்றோம்.

இந்தியக் கல்வி அமைச்சர் டாக்டர் ஹுமாயூன் கபீர்! - இந்தியாவின் மத்திய அமைச்சர்களுள் ஒருவரான டாக்டர் ஹுமாயூன் கபீர் அவர்கள் எழுதியதாவது :

"திரு. ஜி.டி. நாயுடுவைப் பார்ப்பதும், அவரோடு தொடர்பு கொள்வதும் நமக்கு இன்பத்தையும், கல்வி அறி-வையும் வழங்குகின்றன. அவர் ஓர் இயந்திர வல்லுநர் மட்-டுமல்லர் - அவரே ஓர் இயந்திரமும் ஆவார். அவரு-டைய ஆற்றலும், ஆர்வமும் அழிவற்றவை. அவருடைய நிர்வாகத் திறமை நமக்கெல்லாம் ஓர் எடுத்துக்காட்டு அவர் பல துறைகளில் ஆராய்ச்சிகளும், சோதனை களும் செய்து, நாட்டிற்குப் பல வெற்றிகளைத் தந்துள்ளார். நாடு அவரைப் பெரிதும் நம்பி இருக்கிறது.

இத்தாலி நண்பர்களுள் வெர்னர் ரியட்டர் விட்டேல்! - இத்தாலி நாட்டு நண்பர்களுள் ஒருவரான வெர்னர் ரியட்-டர் விட்டேல் என்பவர் ஜி.டி. நாயுடுவால் கண்டுபிடிக்கப்-பட்ட நீரிழிவு நோய் நீக்கும் மருந்தை உண்டு குணமானவர். அவர் 9.7.1955 - அன்று எழுதிய பாராட்டுரை :

"உங்களை நான் இத்தாலியில் முதன் முதலாகச் சந்தித்-தபொழுது, உங்கள் நிறுவனத்திற்கு ஏதாகிலும் நன்கொடை அளிக்க விரும்பினேன். ஆனால், நீங்கள் ஏற்றுக் கொள்ள மறுத்து விட்டீர்கள். பிறகு உங்களைப் பற்றி விசாரித்ததில்,

சில நண்பர்களிடம் இருந்து நீங்கள் மைக்கிரோஸ் கோப், மைக்ரோ புரொஜெக்டர் கார் முதலியவற்றை நன்கொடைக-ளாக வாங்கிக் கொண்டிருப்பதாக அறிந்தேன்.

"ஆகவே, நீங்கள் என்னிடமிருந்தும், எதையாவது பெற்-றுக் கொண்டே தீர வேண்டும். நீங்கள், 'பிளாக் பாரஸ்ட் கடையில் வாங்கியுள்ள எல்லாக் கடிகாரங்களுக்கும் உரிய விலையை நானே கொடுத்து விடுகிறேன்".

'உங்களுடைய அதிசயமான மருந்தால் காப்பாற்றப்பட்ட ஓர் உயிருக்கு - இந்தத் தொகை சிறிதும் ஈடாகாது! உங்க-ளுக்கு நான் என்றென்றும் கடமைப்பட்டிருக்கிறேன்'.

நாயுடு நாட்டின் தேசிய சொத்து! - ஜி.டி. நாயுடு அவர்களை மேற்கண்டவாறு, இந்தியாவும், உலக நாடுகளும் பாராட்டிப் போற்றிப் புகழ்ந்து இருக்கின்றன. அந்தப் பெரு-மகனை, செயற்கரிய செயல்களைச் செய்து காட்டி வெற்றி பெற்றிட்ட தமிழ்நாட்டுத் தொழிலியல் துறை விஞ்ஞானியை, கல்வியிலே புரட்சியைப் புகுத்திய சான்றோனை அவர் உயி-ரோடு வாழ்ந்திருந்த காலத்திலேயே நாம் நன்கு பயன்ப-டுத்திக் கொண்டு பாராட்டியிருக்க வேண்டும். செய்தோமா? நன்றி காட்டினோமா?

திரு. ஜி.டி. நாயுடு அவர்கள் நம் நாட்டின் தேசீய சொத்து என்று நம்பினோமா? கள்ளம் கபடமற்ற அந்தப் பதுமையான விஞ்ஞானியை, கட்சிகளை எல்லாம் கடந்து நின்று அந்த தமிழ்ப் பொது மகனை, இந்தியப் பெரு நாடும், தமிழ்த் திருநாடும் பயன்படுத்திக் கொண்டு, இந்திய மக்கள் வாழ்வை முன்னேறச் செய்தோமா? நாம் என்ன கைம்மாறு செய்தோம் அவர் தம் தீர்க்க தரிசனமான அறிவுக்கு?

போனது போகட்டும். இனிமேலாவது, வரும் இளைய தலைமுறைகளும், அவர்களைச் சார்ந்த பொது மக்களும் நன்றாக, செம்மையான வாழ்வு வாழ வைக்க விரும்பு-வோமா?

அவ்வாறு விரும்பினால், நாம் நன்றியுடையவர்கள் தான் என்பது உண்மையானால், இனியாவது அவருடைய அற்புத அறிவை, மாணவர்களின் விஞ்ஞான பாட, போதனைகளில்

அவரது முழு கண்டுபிடிப்புக்களைப் பாராட்டும் வகையிலே பாடங்களாகச் சேர்த்துப் படிக்க வைப்போமானால், அதன் மூலமாக ஒரு புதிய விஞ்ஞானப் பரம்பரையை நம் நாட்டில் தோற்றுவிக்க வழி வகுத்தவர்களாக ஆவோம்.

கோவை திரு. ஜி. துரைசாமி நாயுடு எனப்படும் ஜி.டி. நாயுடு என்று மக்களால் போற்றப்பட்ட அந்த மக்கட் குல மேதை. இந்த நாட்டுக்கு வழங்கியுள்ள விஞ்ஞானச் செல்-வங்களும், இந்திய மக்கள் மீது அவர் காட்டியுள்ள வாழ்க்கை அக்கறை வழிகளும் எண்ணற்றவை.

அவற்றை நாம் பயன்படுத்திக் கொண்டால், இந்திய நாடும், தமிழ் நாடும், மேல் நாடுகளைப் போல விஞ்ஞான வாழ்வை வாழ்ந்து காட்டுபவர்களாக, உலகத்தால் மதிக்கப்-படுவோம் - போற்றப்படுவோம்.

குறிப்பாக, மாணவர் உலகம் திரு. ஜி.டி. நாயுடு அவர்-களது அறிவைப் பின் தொடர்ந்து அழியப் புகழை மேலும் தேடித் தரும் ஒரு புதிய பரம்பரையாக வளருவதற்கான வழி உருவாகும் என்பதே கல்விமான்களது கருத்து. நிறைவே-றுமா?

'மேம்பாலம்' பத்திரிக்கைக்கு ஜி.டி. நாயுடு இறுதிப் பேட்டி! - திரு. ஜி.டி. நாயுடு அவர்கள் 1973-ஆம் ஆண்-டில் 'மேம்பாலம்' என்ற ஒரு பத்திரிக்கை நிருபர் பா. இரா-மமூர்த்தி என்பவருக்கு, ஓர் இறுதிப் பேட்டி ஒன்றை வழங்-கினார். அதை அப்படியே அவருடைய கருத்தாக நாம் ஏற்றுக் கொள்ளக் கூடியதாக அமைந்துள்ளது. இதோ அந்த பேட்டி உரை!

'நாம் வெளிநாட்டு நாகரிகத்தைப் பின்பற்றி நமது சொந்த பரம்பரைப் பண்பாட்டைத் தூக்கி எறிந்து விட்டோம். அயல் நாட்டார் மோகத்திலே மூழ்கி விட்டோம்.

ஆனால், மேலை நாட்டாரிடம் நாம் கற்க வேண்டியதை விட்டு விட்டு, நமது பண்பாட்டுக்கு ஒத்துவராத வகையில் அவர்கள் நாகரிகத்தை ஏற்று தீமை தரும் பழக்க வழக்கங்-களுக்கு அடிமையாகி விட்டோம். இது மிகவும் வருத்தப்ப-டக்கூடிய வாழ்க்கை நிலை.

நான் மேல் நாடுகளுக்குச் சென்ற போதெல்லாம் ஒரு குறிப்பு எழுதி, அதைக் கவனமாக எனது கோட்டு அங்கியில் வைத்துக் கொள்வேன். No Women, No, Alcohol, No Meat என்று கொட்டை எழுத்துகளால் எழுதி வைத்திருப்பேன்.

நான் தினந்தோறும் படுக்கச் செல்லும்போது, கோட்டுப் பைக்குள்ளே வைத்திருக்கும் அந்த அறிவுரைக் குறிப்பை எடுத்து. பலமுறை அதை வாய்விட்டு அறவுரையாக எண்ணி முணுமுணுத்து, நானே சொல்லிக் கொள்வேன். இவ்வாறு நான் கூறிக் கொள்வதானது, எனக்கு மனவுறுதியை வெகுவாகப் பலப் படுத்தியது.

நான் ஒரு குறிக்கோளோடு வாழ்ந்தேன். எனது எண்ணங்களையும், சக்திகளையும் எதிலும் சிதறவிடாமல் என்னையே நான் தற்காத்துக் கொண்டேன்.

சுவையான, இனிமையான நிகழ்ச்சி ஒன்று எனது நினைவுள் தோன்றுகின்றது. சிகாகோ நகரத்தில் ஒரு நாள் என்னை மூன்று பெண்கள் சூழ்ந்து கொண்டு பலாத்காரம் செய்தார்கள். அந்த இடத்திலே எனது அறவுரைகளும், அறிவுரைகளும் பலன் தரவில்லை. அவர்களைப் பார்த்துப் பரிதாபப்பட்டேன்.

ஏன் தெரியுமா? அவர்கள் ஒவ்வொருவரும் அளவுக்கு மீறி மதுவைக் குடித்திருந்தார்கள். அதனால், அவர்களுக்குத் தாம் என்ன செய்கிறோம் என்றே புரியவில்லை; தெரியவில்லை. அறிவை இழந்த அந்த அழகிகளைச் சீர்படுத்தி அந்த இரவு முழுவதும் எனது அறையிலேயே தங்க வைத்தேன்.

மனதில் ஒழுக்க உறுதி வேண்டும்! - மறுநாள் அந்த மங்கையர் மூவரும், தங்களது செயல்களுக்காக என்னிடம் மன்னிப்புக் கேட்டுக் கொண்டு சென்றார்கள், ஏன் இங்கே இதை நினைவுப்படுத்துகிறேன் தெரியுமா? ஒரு முடிவை மனிதன் எடுத்துக்கொண்டால், எந்தச் சூழலிலும், எவ்வளவுதான் சபலங்கள் வந்தாலும், அதற்குச் சிறிதும் இடம் கொடுக்கக் கூடாது என்பதற்கு மட்டுமன்று: எதிர்நீய்ச்சலும்

போட மன உறுதி வேண்டும் என்பதற்காகத்தான் கூறுகி-
றேன்.

இந்த மன உறுதி, மனவொழுக்கம், எல்லாச் செயல்களி-
லும், எல்லா நேரங்களிலும் ஒவ்வொரு மனிதனும் கடைப்-
பிடித்தாக வேண்டும். அதற்குத்தான் மனோதிடம் என்ற
மாண்புமிகு பெயராகும். இது வாழ்க்கையில் நான் கற்றுக்
கொண்ட பாடம். இந்தப் பாடம் எல்லாருக்கும் என்றும்
தேவை.

இந்தியாவில் இருக்கும் மூடப் பழக்க வழக்கம், குறிப்பா-
கத் தமிழ் நாட்டைச் சூழ்ந்துள்ள மூடப் பழக்க வழக்கங்க-
ளுக்கு ஈடு இணையாக வேறு எதையுமே குறிப்பிட முடி-
யாது. இதற்கு என்ன மூல காரணம்? அறியாமைதான்!

இத்தகைய மூடப் பழக்க வழக்கங்களை, மூட நம்பிக்கை-
களை ஒழித்து, சீர்திருத்த எண்ணங்களைப் புகுத்தி வரும்
தந்தை ஈ.வெ.ரா. பெரியார் மீது எனக்கு அளவு கடந்த
அபிமானம், மரியாதை உண்டு. எனவே, தமிழ்நாட்டு மக்கள்
தங்களது வாழ்க்கை யில் அறியாமையை ஒழித்து, அறிவி-
யல் கண்ணோட்டத்துடன் வாழ்வதற்கு முன்னேற வேண்டும்
என்பதே எனது விருப்பம் ஆகும்.

கடவுள் உண்டா என்ற விவாதம் வேண்டாம்? - கடவுள்
உண்டா? இல்லையா? என்று யாராலும் சொல்ல முடியாது.
கடவுள் இருக்கிறாரா என்று விவாதம் செய்யக் கூடாது.
அது அப்படியே இருந்துவிட்டுப் போகட்டுமே! கடவுள்
இருந்தார் என்றாலும், இல்லை என்றாலும் ஒன்றும் செய்-
வதற்கு இல்லை. இருந்தால் இருக்கட்டும் இல்லாவிட்டால்
போனால் போகட்டுமே! ஆனால் ஒன்று; கடவுள் இல்லை
என்று யாராலும் சொல்ல முடியாது.

சமுதாயத்தில், புரோகிதர் வந்து திருமணம் நடத்தி வைப்-
பதையும் வெறுத்தேன். எனது இரண்டாவது மகள் சரோஜி-
னியைச் செல்வன் பாலகிருஷ்ணன் என்பவருக்கு கோவை-
யில், 1944-ஆம் ஆண்டில், அப்போது சென்னை மாகாண
ஆளுநராக இருந்த சர். ஹார்தர் ஹோப் எனும் வெள்-
ளைக்காரர் தலைமையில் திருமணம் செய்து கொடுத்தேன்.

அந்தத் திருமணத்ற்கு புரோகிதரை அழைக்கவில்லை. சுயமரியாதைத் திருமணம்தான் நடத்தினேன். அந்தத் தம்-பதிகள் ஊர் போற்றும் அளவிலே சீரோடும் - சிறப்போ-டும்தான் வாழ்ந்து வந்தார்கள். திருமணப் பொருத்தமோ, ஜாதகப் பொருத்தமோ, நாள், நட்சத்திரப் பலமோ எதையும் பாராமல் திருமணம் நடந்ததால், அந்த தம்பதிகள் வாழ்க்கை ஒன்றும் சீர்குலையவில்லை' என்று திரு. நாயுடு அந்தப் பத்திரிகையில் பேட்டிக் கொடுத்தார்.

திரு. ஜி.டி. நாயுடு புகழில் மறைந்தார்! - ஒரு முறைக்-குப் பலமுறை உலகமெலாம் கற்றிச் சுற்றி, தமிழ் நாட்டின் விவசாயத் தொழில், பொறியியல் தொழில், புரட்சிக் கல்வி-யியல், விஞ்ஞானக் கருவிகள் கண்டுபிடிப்புகள், மோட்டார் மன்னராக விளங்கி, உழைத்த உழைப்பியல், சித்த வைத்-திய இயல் போன்ற பலவற்றுக்கும் மேதையாகத் திகழ்ந்த, செயற்கரிய செய்த செயல் வீரர் கோவை ஜி. துரைசாமி எனப்படும் திரு. ஜி.டி. நாயுடு அவர்கள் 4.1.1974 ஆம் ஆண்டன்று மறைந்து விட்டார் என்ற செய்தி உலக விஞ்-ஞானிகள் இடையேயும், தமிழ்த் தொழிலியல் தோழர்கள் இடையேயும், அதிர்ச்சியை உருவாக்கி விட்டது.

1973-ஆம் ஆண்டின் இறுதி மாதங்களில் அவர் உடல் தளர்ந்து நோய் வாய்ப்பட்டிருந்தாலும், அவர் இறந்து விடு-வார் என்று யாரும் எதிர்பார்க்கவில்லை. ஆனால், நாளுக்கு நாள் உடல் சோர்வும், மனத் தளர்வும் குன்றியதால், மேலே குறிப்பிட்ட நாளில் எந்தவித சிரமும் இல்லாமல் தமிழ் மண்-ணில் கலந்தார்; காலத்தோடு காலம் ஆனார்! ஏறக்குன்றய 80 ஆண்டுகள் ஓயாது உழைத்த உலகம் சுற்றிய உடல் புக-ழுக்கு இரையானது.

கொடை வள்ளல் திரு. ஜி.டி. நாயுடு மரணமடைந்ததைக் கேட்ட அவரது அணுக்க நண்பர் திரு. இராமசாமி அய்யர், அழுது, புரண்டு, கதறி, I have Lost My Friend என்று பல முறைக் கத்திக் கதறிக் கீழே விழுந்தார்.

தொழிலியல் துறை, கல்வியியல் துறை, விவசாயவியல் துறை, பொறியியல் துறை, சித்த வைத்திய இயல் துறை,

சமுதாயவியல் துறை, பொருளியல் துறைகளின் வித்தகராக, விஞ்ஞானியாக விளங்கிய கோவை கொடை வள்ளல் திரு. கோபால்சாமி துரைசாமி நாயுடு உடல் அலங்கார தேரில் சுடுகாடு சென்றது.

கோவை நகர் பிரமுகர்கள், கல்விமான்கள், தொழிலாளர், தோழர்கள், வணிக பெருமக்கள் அனைவரும் சூழ, திரு. நாயுடு உடல் சாம்பலாகி, கோவை மண்ணுக்கு உரமானது. ஆனால், அவரது ஆன்மா தொழிலியல் விஞ்ஞான உலகத்திலே பவனி வந்து கொண்டுதான் இருக்கின்றது!

என்று அவரது அந்த ஆன்மா பவனி, பேரின்பப் பேறு பெறும் என்றால், என்று ஜி.டி. நாயுடு அவர்களது தொழி-லியல் விஞ்ஞானக் கனவுகள் - மக்கள் இடையே நனவாகி நடமாடு கின்றனவோ, அன்றுதான் - அவரது ஆன்மா மன நிறைவோடு பவனி வருவதை நிறுத்தி விண்ணில் விளங்கும். இந்த நன்றியைச் செய்யுமா தமிழ் இனம்?